文系でも
仕事に使える
統計学はじめの一歩

STATISTICS FOR
BEGINNER'S
FIRST STEP

商務前線 的 最強武器

文科生
也看得懂的

工作用
統計學

U0127439

楓書坊

　　統計學與我的關係——其實和多數統計學的研究人員，或者是以統計為專長的人相比，不論是在經歷或是專業方面，我和他們都大為不同。首先我想先讓讀者們了解這一點。

　　我是一位商業書籍出版社的編輯，到目前為止，我經手編輯的統計學相關書籍已超過 30 本。日本雖然有為數眾多的編輯，但光就統計學相關書籍來看，這個數量應可擠進前十。

　　我編輯過的書籍遍及統計學的各種領域，從統計學、多變量分析、統計分析等大範圍主題，一直到如何用 Excel 統計，或者是迴歸分析、貝氏統計學、統計學用語事典、不要被統計數據迷惑等讀物都有，而且我也持續在統計學領域中，尋找可能暢銷的主題，並累積了大量的經驗。

　　在這個過程中，我個人也累積了一些始料未及的經驗。其中之一就是「統計學（數學）」和「統計分析」的差異。以前我曾多次協助某大學教授整理「統計、機率」等入門書籍，但當我向教授邀稿，「這次想請您寫一本統計分析的書籍」時，卻被教授拒絕了。

　　理由是「本丸先生，**如果主題是統計學，甚至是統計、機率，我都可以寫，但統計分析我就沒辦法了。因為那不是數學啊。**」

　　這也成為日後我去思考「統計學和統計分析差異有那麼多嗎？『不是數學』是什麼意思？」的契機。

　　第二個讓我始料未及的經驗，則是一個突如其來的轉機，讓我有機會更深入「和資料共處」。這個轉機就是我由公司的書籍部門，被調到雜誌部門，而且負責的雜誌還是「資料專業誌（月刊）」。不論是以前或現在，資料專業誌在出版界都算是稀有物種（商品）。

在雜誌部門工作七年，前二年我是主編見習生，之後五年我一直擔任主編。其間雖歷經「雜誌寒冬」的時代，但很幸運的是當時這本雜誌的銷量，成功的成長了一・五倍左右（目前暫時停刊中，其實也相當於永久停刊了）。

因為這本資料專業誌，我接觸到「獨家問卷調查」。這本雜誌每個月都會針對全日本企業，進行「獨家問卷調查」，然後以特集方式刊登調查結果。因為這本稀有物種的資料專業誌，我還有幸接觸到更為罕見的問卷調查工作（大多數資料雜誌只刊登已公開的資料）。

丟臉的是，當時我沒有任何資料處理的基礎，其他編輯同仁告訴我「這一題是複選題吧。那就不能用圓餅圖來處理哦」時，我還回問「為什麼不行？」請同仁教我；或者是去請專家評論時，被專家指出「這個問題的答案選項是這些？這樣作答的條件不夠充分喔」等問題……。

因為在問卷、圖形處理等「統計學以前」的階段，不斷地接受基礎指導，所以我才能慢慢地邊做邊理解資料處理的內容。

之後因為個人因素，我辭掉出版社的工作，現在是一位獨立編輯，同時我也以科普作家的身分，撰寫數學書籍（編輯＋科普作家）。

因為擔任編輯時有幸長期接觸統計學，我得以和知名統計學大師們一起工作（他們也為我審核本書內容）。此外我也在雜誌、網路上執筆撰稿，因此有機會見到寫出統計學暢銷書的統計專家、統計學會大老等先進，直接向他們請益，請他們為我解惑。

再者，其實除了統計學專家，也有許多其他領域的專家們，傳授我統計學相關實踐手法。例如行銷專家教我獨家的新市場估計方法（類似費米（Fermi）估計的方法）。此外還有人教我航太領域發現基本粒子的統計學手法（比商業領域更嚴謹）、豐田汽車關係人士提供工廠最重要的資料給我，還帶著我去參觀工廠等。

我和統計學的緣份越來越深厚，也讓我深入體驗到統計學的趣味、深奧和困難。

▶ 為了不是天天分析資料的人所寫的統計學

世界上有不少人靠資料分析為生，許多研究人員發表論文時也會用到統計學，不過除此之外的人呢？大部分的人就算會用Excel，直接把統計學用在工作中的人應該還是少數吧。

統計學（對自己）到底有什麼用？有這種想法的人可能出乎意料地多。

說穿了，許多人可能根本就沒有在國高中學過統計學的記憶[1]。因此就算自學，也不是很清楚「這個項目到底有什麼用？到底為什麼要這麼寫？」甚至覺得自己越來越深陷在統計學的迷宮中（自己現在到底在哪裡？）吧。

就在我有這些想法時，神吉出版編輯部找我面談，並說服我「活用許多統計學書籍的編輯經驗，為受統計學所擾的人，寫一本深入淺出的統計學書籍，告訴讀者們統計學的重點在哪裡、怎麼做才能理解難以理解的部分、理解到什麼程度即可吧？」這也就成了本書誕生的契機。

說到統計學書籍，市售書籍絕大多數的確都由數學專家執筆（這也是理所當然的），幾乎沒有像我這種經歷的人去寫統計學書籍。既然如此，那就一不做二不休，用我編輯的歷練整理出一本簡單明瞭的統計學書籍吧。這樣才稱得上是負起標榜「**搭起文科和理科橋梁**」的科普作家的責任吧。

---

[1]　現在日本國高中教科書中有統計學的內容，但以往統計學不過是「選修科目」（高中的「數C」），選了對升學考也不是特別有利，因此大多數人都沒有選修，這是事實。大學原本也沒有統計學部，直到2018年度開始慢慢出現「數據科學學部」等，專攻統計學的人也慢慢增加了。

我真是太天真了（被騙了）！一開始動筆，編輯部就不停地提出意見：「說明太艱深了！」、「（會話中出現）晚輩的問題太難，會話根本無法成立」、「最好不要出現公式，Σ（Sigma）當然最好不要用，最好連分數都……（咦？連分數都不要用？）」（後來編輯部也知道這樣不行，決定「可以用分數」）。每次一收到編輯的意見，我就要打掉重練。

我原本很有自信，可以「寫得很簡單明瞭」，可是編輯的意見徹底擊潰了我的自信。

最後本書得以付梓，完全要歸功於神吉出版的古川有衣子小姐，以及編輯部部長大西啟之適時的叱責和鼓勵。特別是古川小姐懷抱對這個主題的熱情，每每收到原稿，一定詳讀後提出意見，告訴我哪裡不行，還跟我一起思考解決方案。在此我要對兩位致上最高的謝意。

此外如果因為我個人對統計學的理解不足，內容不正確，而造成讀者困擾的話，那就本末倒置了。

因此我很厚臉皮地，拜託曾長期讓我擔任統計學書籍責編，可說是「統計學泰斗」的統計學專家，為我檢查本書內容。專家在百忙之中花時間詳讀本書，也給了我許多回饋。

再者，埼玉大學名譽教授岡部恒治還給了我許多內容相關的建議，長谷川愛美小姐也仔細地為我校對。

在此我要對所有協助過我的人表達感謝之意。本書如有任何錯誤或思慮不全之處，都是我的責任。

本書最重視的是要讓讀者們對統計學的內容有概念。同時以我自己的風格：「用一句話來總結內容」給讀者們提示。

我希望讀者們心中的「統計學迷霧」能因此淡化，甚至可以煙消雲散，讓本書成為讀者們跨進統計學的「第一步」。果真如此，對以「搭起文科和理科橋梁」的科普作家自居的我來說，就是至高無上的光榮了。

2018年初春

本丸諒

目錄
CONTENTS

序 章

垃圾資料只能分析出垃圾！

第 1 章

欲速則速！
一口氣讀完統計學！

避免資料和圖表讓自己出糗！

先理解「平均數、變異數」！

第 4 章

體驗常態分配！

第 5 章

由樣本「估計」母體特徵

先假設，再用機率判斷正確與否

「人的直覺」其實一點兒也不可靠？

垃圾資料只能分析出垃圾！

一般統計學書籍一開始不外乎是談「平均數」、「變異數」等。此時看到範例中的資料，讀者們大都不會有任何疑問，可是碰到真實資料時，有時先了解背景比較有幫助。所以本章先利用二個人的會話來說明背景。

本章另一個切入的角度，則是利用三個謎題，來協助讀者思考對於不以資料分析為業的人來說，學習統計學有什麼好處？

不可燃 垃圾

只有 900 戶的資料也行嗎？

一旦進入統計學的世界，就越來越不會注意到資料產生的過程。所以本章一開始先透過二個人的對話，來看看資料到底是如何產生的，以揭開序幕。

 前輩學統計學多久了啊？

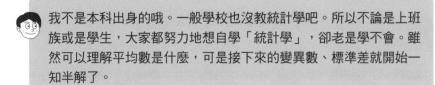
我不是本科出身的哦。一般學校也沒教統計學吧。所以不論是上班族或是學生，大家都努力地想自學「統計學」，卻老是學不會。雖然可以理解平均數是什麼，可是接下來的變異數、標準差就開始一知半解了。

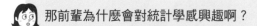 那前輩為什麼會對統計學感興趣啊？

那是因為我出社會後，在出版社編了許多數學書籍。有一天主編跟我說，「接下來你去編一本多變量分析的書！」當時我真的不知道「多變量分析」是什麼，可是我假裝自己懂，還回了主編說「我想一下」，然後就把這件事放著不管了。

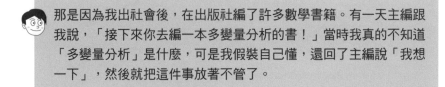
聽起來好慘。結論就是如果不是被逼到了，一般人大概不會起而行吧。後來又是什麼原因讓前輩決定開始學習的呢？

我由書籍部門被調到雜誌（資料專業月刊）部門，在那裡待了七年。那本雜誌會實施獨家問卷調查，讓我有一個難得的機會「製作獨家資料」……所以說到我和統計學的因緣，其實就只是這樣啦！

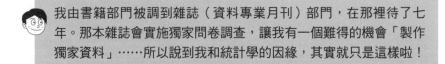 嘿～原來你之前經常做問卷調查啊。受訪者是誰？調查步驟是？

雜誌的目標客層是企業，所以選擇全國中小企業做為調查對象，寄發問卷。一開始先擬定企劃，製作問卷，決定當月要寄發的企業和家數，然後寄發問卷。問卷回收後要進行統計，加工成圓餅圖或長條圖。最後再請專家過目，聽取專家意見，再根據專家的分析撰寫原稿……。這就是主要的工作內容。

不論是當時還是現在，幾乎沒有其他專業月刊誌會每月刊登獨家問卷調查結果。不過等到我卸下主編一職後，卻常會接觸到開放資料*2。這本雜誌目前暫時停刊。不過出版社所謂的「暫時停刊」，其實就相當於永久停刊了。

我想是因為資料專業月刊太不起眼了吧。那麼問卷大概會寄給幾家公司、回收率又如何呢？

每次會寄出3,000份左右，大概可以回收350份～800份左右吧。回收率會因主題大為不同。

350份～800份？如果剛好只回收少少的400份，用這麼少的問卷去分析，和全體中小企業的實際狀況不會有很大的出入嗎？

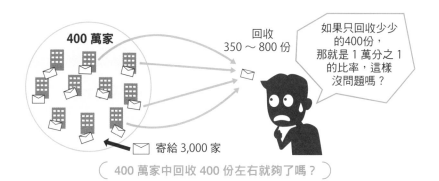

400萬家中回收400份左右就夠了嗎？

---

*1　自行調查的資料為「原始資料（Original Data）」，而利用其他公司（國家或企業）公布的資料時，我們就稱這些資料為「開放資料（Open Data）」，作為區分。

「回收幾份才夠？」其實當時我也很在意這一點。全日本有近400萬家[*3]中小企業，如果回收400份問卷，就相當於是**1萬家收到1家的比例**。但以結論來說，我想只要取樣確實，就算樣本只有400份，誤差應該也不會太大。

提供電視節目收視率的例子給你參考。目前關東地方有約1,800萬戶家庭[*4]，其中只有900戶裝收視率測量儀。也就是說大概是2萬戶中1戶的比例。

關東地方電視節目收視率調查

$$\frac{900戶家庭}{1,800萬戶家庭}$$

一般所謂的收視率，指的是家庭收視率

①家庭收視率

②個人收視率

（電視節目收視率調查，關東地方有 1,800 萬戶家庭，只裝 900 台？）

也就是說即使是1萬家中取1家，或者是2萬戶中取1戶的比例，也勉強可以調查是嗎？

這倒不一定，比例不代表一切，重要的是「**有多少資料才夠**」。關於這一點我們後面再說。

---

*3　根據2017年版「中小企業白書」，2014年有381萬家中小企業，所以本書中寫「約400萬家」。但家數年年減少中。

*4　根據總務省的住民基本登記簿，關東地區有1,986萬戶家庭（2016年1月1日時點），但根據調查電視節目收視率的業者之一Video Research公司資料顯示，關東地方調查區域內有電視的家戶數，推估有1,856萬7,000戶家庭。該公司自2016年10月起將關東地區的調查家戶數，由600戶變更為900戶。

② 那份資料可信嗎？

學習統計學理論時，雖然從不曾懷疑過「資料的可信度」，可是實務上也必須要留意「這些資料是如何產生的？」因為分析沒意義的資料也沒有用。

問卷的部分就先談到這裡吧。只不過分析資料時，從「最初就有資料（At first there is data）」的角度來看，問卷調查可說是非常重要的階段。以下這句話就是最好的寫照：「垃圾進，垃圾出（Garbage in, garbage out）」。

啊，我在電腦書上有讀過這句話。意思應該是**「垃圾資料只會生出垃圾般的結果」**吧。

對。輸入不正確的資料，只會產出不正確的結果。最令人頭痛的是，就算資料不正確，只要輸入Excel等工具，就會產出「看起來很像回事的分析結果」。所以以問卷來說，如何取樣，對後續作業的影響極大，取樣是很重要的出發點。

讀統計學書籍時，資料幾乎都不會有錯耶……。莫非前輩有過資料收集或處理方面的失敗經驗談？

被妳發現了……。我用圓餅圖處理複選題時，被其他編輯指正，「複選題不能用圓餅圖處理啦。你不知道嗎？」我那時還在想「為什麼？」

咦？我也不知道耶。而且我還想先問問什麼是「複選」啊？

比方說有五個答案選項的問題，如果「只能從中選一個答案」，那就是「單選」題。可是有時會有「選擇所有符合的答案」，或者是「最多可選三個答案」的問題，這種問題就是「複選」題。

 咦～我都不知道耶。這樣要用什麼圖表才行呢？

（複選題不能整理成圓餅圖）

 如果是複選題，就不能用圓餅圖，而要用長條圖。件數或比率要用長條圖來處理[*5]，絕對不能用圓餅圖。
此外我也曾有過資料處理失敗的經驗。我把資料整理成圖表後，拿去請專家過目並請專家提供意見，也就是「看著資料的分析」。

 「資料分析」就是進行統計學的分析吧？例如平均數、變異數、標準差……。啊！我想不到其他的統計學用語了。

 我也用過平均數和四分位數等指標，不過好像沒用到變異數。雖說是「資料分析」，其實目的並不是統計學的資料分析，而是專家

[*5] 包含簡報在內的商業行為，常會用到圓餅圖、長條圖等。統計學則常用到常態機率分配曲線，如常態分配曲線等。這種不常見的曲線讓統計學變得更不親民了。除此之外有時還會使用「箱形圖」。

「如何解讀回答內容和資料」，也就是評語。
一開始我還被專家責備，「這種提問和這種答案選項，拿來叫我評論，根本是天方夜譚」。
那時我才發現，「對哦，在準備問卷的問題時，必須考慮到受訪者答題時，不用猶豫『那個條件應該怎麼解讀？』」

 條件又是指什麼？提問時還需要什麼條件嗎？我想不出來。

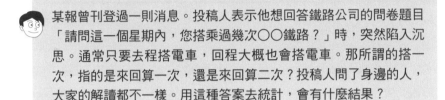 某報曾刊登過一則消息。投稿人表示他想回答鐵路公司的問卷題目「請問這一個星期內，您搭乘過幾次○○鐵路？」時，突然陷入沉思。通常只要去程搭電車，回程大概也會搭電車。那所謂的搭一次，指的是來回算一次，還是來回算二次？投稿人問了身邊的人，大家的解讀都不一樣。用這種答案去統計，會有什麼結果？

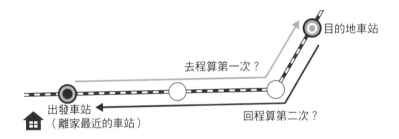

去程算第一次？

目的地車站

出發車站
（離家最近的車站）

回程算第二次？

(搜集資料時條件要夠明確)

 這種資料不可信吧。前輩的意思也就是說，要事先消除「這種時候要怎麼辦？」的疑問，例如「來回算二次嗎？」資料不能混淆不清！

 到資料誕生為止，其實有很多細節。學習統計學時不需要去懷疑「資料有沒有錯？」但實務上處理資料時，就必須去考慮「這份資料是怎麼問出來的？」、「條件夠明確嗎？」

19

統計學到底有什麼用？

「現在的商業世界中，統計學可是最夯的話題，我也來學一下吧」。就算有這種想法，卻很難學會統計學。話說學會統計學到底有什麼用呢？

▶ 統計學的工作真的很迷人嗎？

「我不斷強調，未來十年內最具吸引力的職業，將會是統計學家！」＊6。這句話曾經在商界掀起一陣旋風，讓統計學更受世人關注。

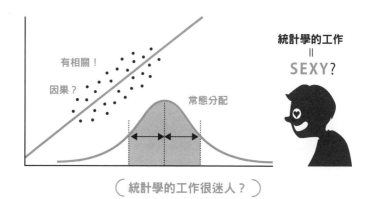

（ 統計學的工作很迷人？ ）

然而並不是所有人都想成為統計學家，大多數商務人士也不以成為統計學家為目標，而且以資料分析為本業的人，其實也沒那麼多吧。這麼說來，一般人學習統計學到底有什麼意義呢？既然辛辛苦苦地讀了統計學的書，用心學習，當然希望能用在實務上。關於這一點我的想法具體來說

＊6　I keep saying that the sexy job in the next 10 years will be statisticians. And I'm not kidding. （Google 首席經濟學家Hal Varian名言）。「Sexy job」指的可說是「有吸引力的工作」。

統計學可以學到「提高成功機率的方法」

就是以下二點：

- ‧ 提升推測能力（推理能力）
- ‧ 可做出有根據的說明、討論

▶ 聞一知十

所謂統計學，其實就是「聞一知十」的方法。這和「提升推測能力」有關。

夏洛克‧福爾摩斯即使面對一無所知的人，也可以在第一次見面時，就說出「你從阿富汗來？」這種嚇死人的話（這是福爾摩斯第一次和華生見面時說的）。

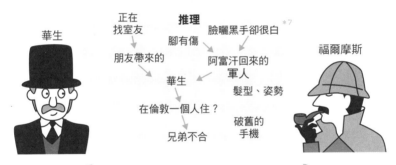

(福爾摩斯一眼就看穿初見面的人的狀況)

之後福爾摩斯為華生解謎，說明為什麼明明是第一次見面，卻能看穿華生的性格、工作內容、目前處於什麼狀況。結果華生卻說「什麼啊，原來這麼簡單啊」，惹得福爾摩斯不太高興。這裡的共通點就是：

---

*7 推理內容引用電視劇《夏洛克》（Sherlock）的《粉紅色研究》（A Study in Pink）。

「由些微的外觀資訊，迅速看穿本人經歷、身世、性格等」

既然是推測，當然有猜錯的風險。如何才能夠提高猜對（不猜錯）的機率呢？

統計學其實也一樣。我們手邊不會有全部資料（對方的詳細資訊），但是手邊會有一些樣本資料（眼前對方的樣子）。根據這些資料，以更高的機率猜出「這筆資料有什麼樣的特徵（對方是什麼樣的人）」。而且不是毫無根據的亂猜。換言之，「**只要依照科學步驟，就可以較高的機率推測成功**（猜中）」——這就是統計學（推論統計學）的功用。也就是用統計學，從很少的資料去找出「根本的樣子（也就是母體）」。從這個角度來看，的確很像福爾摩斯的推理方法。

所謂的推測能力或推理能力，的確也可以靠著長久以來的經驗和直覺養成，但有時經驗和直覺卻也會讓人太過主觀而看不清事實。而且光靠「直覺」也很難說服他人。

此時，如果善用「數值」或「機率」來說明，可以讓自己更有說服力。或者是當你的主管一聲令下「就我的經驗來看……」時，用數值或機率的思考回應，應該就可以巧妙地避免情緒性的衝突。統計學就是這種替自己壯膽的友軍。

即使年輕

統計學

警察的直覺？
上司的經驗？

· 機率思考
· 善用數值
· 有說服力

· 太過主觀
· 缺乏說服力

為了以較高的機率推測成功

4 了解統計學用處的三個問答題

為了讓讀者們具體了解「統計學的功用」，我準備了三個小問題。大家應該可以藉此了解「原來如此。原來可以用在這種場合啊。」

▶ 如何判定品茶婦人說的是真的還是假的

以下三個問題都是統計學中知名的小故事。如果是你，你會怎麼解決這些問題呢？

統計功用問題 1

在英國的茶會上，據說有一位喜歡紅茶的婦人，可以分辨出一杯奶茶是「先倒紅茶再倒牛奶」，還是「先倒牛奶再倒紅茶」。這位婦人說的到底是真的還是假的？又該如何拆穿她呢？請大家想想判斷方法。[*8]

紅茶＋牛奶？　　　　牛奶＋紅茶？

完全不一樣哦！

（ 品茶婦人說的是真的？假的？ ）

---

*8　「品茶婦人」的故事，出自英國統計學家羅納・費雪（Ronald Aylmer Fisher，1890）的著作《實驗設計》（The Design of Experiments）。有人說後來2003年英國皇家化學協會還發布新聞稿指出「口味不同（成分）」（目前已自官網刪除），但也有人說新聞稿一事只是一個玩笑話，目前真偽已不可考。

當時在現場的紳士淑女們，可能都只是一笑置之，以為「只要泡成奶茶，不論是先倒牛奶還是後倒牛奶，口味應該都一樣啦」。不過也有可能品茶婦人是對的，只是大家都沒注意到先後順序可能影響牛奶的溫度變性等，而導致口味不同。又或者品茶婦人不過是個說謊高手？如果是你，你會如何確認呢？

要說「婦人不能判斷口味差異（婦人說謊）」很簡單，但光這麼說欠缺說明和根據，無法說服大多數人。重點就在於「**對婦人做什麼樣的測試，可以客觀判斷？**」

就算是說謊，也有可能因為「運氣好」、「瞎貓碰上死耗子」，而有 $1/2$ 的機率猜中。如果連續猜中二次，還有可能說是「運氣好」隨便猜中的（$1/4$ 的機率）。那麼連續猜中三次呢？四次？五次？又該怎麼解釋呢？如果真的連續猜中五次（機率是 $1/32 \fallingdotseq 3\%$），大概想法就會開始改變，「等等，她可能不是單純地運氣好。說不定她真的分辨得出來啊。」

這裡的測試方法我會在後面（第六章）說明。結果就是「思考以機率為根據的判斷方法」。這就是統計學以機率為思考根據的理由。

但請讀者們不要忘記，雖然猜中的機率很高，但是「永遠都殘留著猜不中的可能」。

統計學不是神。

▶ 應該派誰去史丹佛大學留學？

統 計 功 用 問 題 2

> Ｘ公司有二位優秀的員工。Ａ先生隸屬業務部，業績驚人；Ｐ先生負責研究開發，持續為公司開發出優良產品。現在公司決定派一位貢獻度最高的員工，去史丹佛大學（美國矽谷）留學一年。到底應該選Ａ先生還是Ｐ先生呢？請大家想想決定的辦法。

　　這道題的重點就在於「二位員工隸屬不同部門，無法直接比較。所以要用其他的方法，以『相同條件』比較」。用「相同條件」（雖然有點勉強）比較，比較能讓業務部和研發部都覺得「可以接受」。

　　既然是不同的群組，顯示群組內各人貢獻度的分配（圖形）應該也不同。有沒有什麼方法，讓不同的分配（圖形）可以共通呢？

　　這種現實生活中常見的案例，只要利用統計學著名的分配，就可以客觀比較二人的貢獻度，分出高下，因此「可以比較二個不同的群組」。

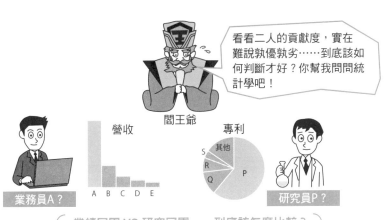

看看二人的貢獻度，實在難說孰優孰劣……到底該如何判斷才好？你幫我問問統計學吧！

閻王爺

營收

專利

業務員Ａ？　　　研究員Ｐ？

業績冠軍 VS 研究冠軍—— 到底該怎麼比較？

統計功用問題 3

你是大聯盟某球隊的總教練候選人，正接受球團老闆的面試。老闆說，「在無人出局一壘有人的狀況下，請你想出一個最有效率的得分方法。不用考慮跑者的腳力、打者的打擊率、現在是否是最後一局等因素。」你會如何思考，如何回答呢？

棒球通看到這道題目，可能會大罵「這種設定根本不符合現實！棒球白痴也不能這麼離譜。」不過這不過是一道小問題，還請大家諒解。

一般棒球賽遇到無人出局一壘有人的局面，不外乎就是選擇①短打，或者②強攻（積極出棒）。我高中時也是實力不強的硬式棒球隊的一員，所以遇到這種局面一律就是短打。

採取短打策略（如果成功的話），壘上跑者就可以前進到得點圈內，但也必須用一個出局數做為交換。棒球比賽只要三人出局就結束這個半局的攻擊，所以無條件地奉送一個出局數給對手，這真的算是好策略嗎？

我腦海中浮現許多可能性。萬一跑者被刺殺在二壘，就等於是一壘上的跑者換成打者而已（只是單純增加一個出局數而已），又或者短打後對方暴投，也可能大量得分……。

盜壘嗎？

得分機率
最高的方法……

短打？
強迫取分？

（ 用短打「犧牲打者」把一壘跑者送上二壘，這真的是好方法嗎？ ）

▶ 統計學可以提供原本想不到的對策？

其實不需要想得那麼遠。這裡應該考慮的不過是「**哪種做法可以提高得分機率？調查相關資料**」而已。只要這麼回覆球團老闆即可。

「我會根據這支球隊過去的比賽，調查①無人出局一壘有人時短打，以及②無人出局一壘有人時不短打，這二者做法『之後的得分率』，再做出判斷」。其實最好也應該調查一下其他條件，如下一棒打者是投手時、是全壘打製造機時、比賽才剛到一半時……等等。

無論如何，調查過去資料還可能發現既非短打也非強攻（積極出棒）的第三種方法。例如「鎖定四壞保送」也是一種對策[*9]。「無人出局一壘有人」的場景……。

- 壘上跑者故意離壘較遠，動搖敵隊投手
- 讓投手分心警戒壘上跑者，對打者多投出壞球
- 有揮棒動作但不打擊

這就是打者鎖定四壞保送的策略。就增加壘上跑者的角度來看，安打和四壞球的效果是一樣的。

如果「鎖定四壞保送」的想法能成為全隊共同的想法，因而順利在比賽時增加壘上跑者，那可比第一球就擊出安打，更能讓敵隊投手痛苦（用球數和肌力）。甚至如果因此可讓敵隊的王牌投手提早下場，比賽對己隊就更有利了。

[*9] 美國職棒大聯盟美聯西區的奧克蘭運動家隊就曾有這種事例。該隊總經理（GM）賓恩（Billy Beane）徹底分析過去資料，導入統計學手法，修改盜壘、短打、打擊率等評價基準，改弦易轍重視上壘率（重視創造得分的行動）。結果證實就算球隊薪資在大聯盟中墊底（弱隊），也能打造出一隻不輸給洋基隊等強隊的球隊。其中「無人出局一壘有人時，鎖定四壞保送」也是戰術之一。作家麥可·路易士（Michael Lewis）根據這段真人真事，寫出小說《Moneyball：The Art of Winning an Unfair Game》（魔球－逆境中致勝的智慧），後改編成電影《魔球（Moneyball）》，由布萊德·彼特（Brad Pitt）主演。

除此之外，像是「不要打出滾地球，要打出高飛球」（飛球革命）等顛覆傳統棒球常識的對策，也都是從數據棒球[*10]產生的戰術。

就傳統的棒球常識來看，「鎖定四壞保送」、「打出高飛球！」這些戰術，看來不過是出奇制勝，其實這些對策可都是統計結果導出的高成功機率對策。

最近大家在日常生活中，應該也有越來越多這類「意料之外的體驗」吧。例如用智慧型手機App查「電車轉乘介紹」等，有時會發現自己從沒想過的路線，「原來還可以這樣搭？在這裡轉乘比較快到目的地，而且還比較便宜！」

不再無條件固守過去的常識（短打、強攻二選一），而去思考**「機率最高的成功對策是什麼」**。因此學習統計學，知道統計的思考方法，統計學一定可以告訴你「要讓工作和生活順利，機率最高的方法」。

沒錯。學會「變異數」、「估計」等統計手法當然很重要，但這些應該不會立刻對你的工作有所助益。**可是對大多數人來說，養成「用機率去思考的習慣」**——我想這才是學習統計學最大的收穫。就像阿拉丁神燈中的燈神一樣，統計學一定會成為你最強有力的伙伴。

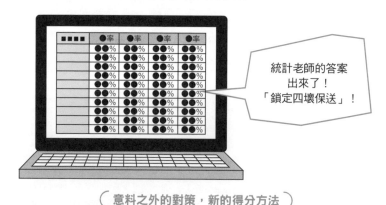

統計老師的答案出來了！「鎖定四壞保送」！

（ 意料之外的對策，新的得分方法 ）

---

*10　2017年休士頓太空人隊稱霸世界大戰。這支一年吞下100場敗績的弱隊，據說靠著動員統計學家、物理學家的數據棒球，搖身一變成為冠軍隊伍。

第1章

欲速則速！
一口氣讀完
統計學！

「統計學是一條漫長又布滿荊棘的道路」——一味地和難解的概念與計算格鬥。結果是不到半路就受到挫折，甚至可能從此一蹶不振。既然如此，不如乾脆加快腳步，一口氣先掌握「統計學的全貌」——細節就留待後續章節再說明。用「欲速則速」的精神，先大致理解統計學的框架吧。其他的之後再說。

把「統計學地圖」記在腦海中

一開始請大家先把表示「統計學全貌」的地圖記在腦海中吧。這麼一來就會知道「自己現在在哪裡」。

　　讀統計學時會出現「統計學、多變量分析、統計分析」[11]等類似名詞，但大家好像都在一知半解的情形下，繼續讀下去。所以一開始為了把這些名詞和關係定義清楚，請大家要先把「統計學地圖」記在腦海中。

　　首先如果把高中時學的方程式、微積分等稱為「理論數學」，統計學就算是「應用數學」（當然二者的範圍界限並不是那麼明確）。

理論數學

代數（方程式等）
幾何（圖形）
分析（微積分）
基礎論（符號邏輯）…

應用數學

機率　　　　統計學
資訊理論……

統計學

敘述統計學

推論統計學

貝氏統計學

　　「統計學」可大致分成敘述統計學、推論統計學、貝氏統計學三大類。還有一種「多變量分析」，用於處理二個以上的變量。

　　如果以上述四者為統計的基礎理論，那麼**統計分析**就相當於對大家的工作有所幫助的應用篇。

---

*11　「統計學、多變量分析、統計分析」等之區分，因人而異。市售書籍的區分也很模糊。這是因為即使標題是「統計分析」，也不可能不談到做為分析基礎的統計學，因此區分會因作者而異。

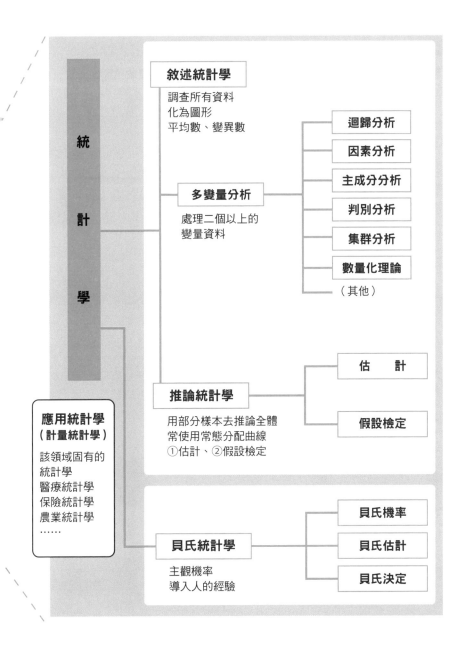

敘述統計學

調查所有資料
化為圖形
平均數、變異數

多變量分析

處理二個以上的
變量資料

| 迴歸分析 |
| 因素分析 |
| 主成分分析 |
| 判別分析 |
| 集群分析 |
| 數量化理論 |
（其他）

統
計
學

推論統計學

用部分樣本去推論全體
常使用常態分配曲線
①估計、②假設檢定

| 估　　計 |
| 假設檢定 |

應用統計學
（計量統計學）

該領域固有的
統計學
醫療統計學
保險統計學
農業統計學
……

貝氏統計學

主觀機率
導入人的經驗

| 貝氏機率 |
| 貝氏估計 |
| 貝氏決定 |

2 將原始資料整理成一個代表值
——敘述統計學①

全體資料的中心在哪裡？資料有多分散？如果化為圖形會變成什麼樣子？……一直到二十世紀初，這種「敘述統計學」都是統計學的主流。

▶ **收集到原始資料後「反而難以理解」？**

說到統計學，一開始先發展出來的是「**敘述統計學**」（descriptive statistics）。所謂敘述統計學，原則上就是針對調查對象（最根本的群體）全數調查，然後描述其特徵，以此為目的的統計學。19世紀末到20世紀初只要說到統計學，指的就是「敘述統計學」。

敘述統計學有二大特徵。第一個特徵是調查對象「群體」相對較小，如班級或公司，**容易收集到全體資料**。

例如國中秋季的班級才藝表演。全班要從「合唱、戲劇、短劇」三者中選出一個表演項目時，要收集到全班的投票結果（資料）並不困難。

公司也是一樣的道理。工會發出問卷調查所有員工對夏季獎金的想法，據此以向公司提出獎金期望金額等。大多數情形下都可以收集到所有員工的資料，編製成基礎資料。

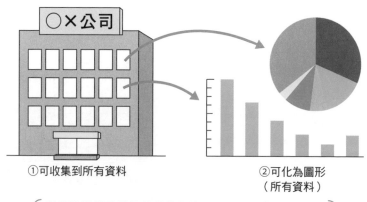

①可收集到所有資料　　②可化為圖形（所有資料）

(敘述統計學的特徵就是①收集所有資料，②化為圖形)

第二個特徵就是將資料繪成圖形，可視化資料（敘述）。化為圖形也比較容易發現資料特性和規則性等。

如果是班級才藝表演的例子，畫成長條圖或圓餅圖後，多數意見就可以一目瞭然，如果是公司的例子，將不良品的發生化為圖形（可視化）[*12]，有助於直覺掌握相關趨勢等。

或許大家會認為「資料多多益善」，可是原始資料越多，有時反而會讓人看不清最根本的群體趨勢、問題點等。

例如把某公司業務一課十位員工的加班時間表（一個月），排列如下圖（38小時、52小時……）。雖然只有十位員工的加班資料，排成這樣雖然看得到加班時數，但很遺憾地卻無法記住這些數字，更別提要找出什麼特徵、趨勢了。

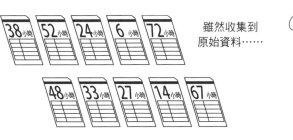

雖然收集到
原始資料……

只有十筆資料
也難以理解全貌

（ 只是收集到原始資料，反而難以處理 ）

▶ 與其直接看原始資料，不如看一個代表值！

如果不是看十個人的資料，而是只有「可以代表十個人的一筆資料」，就可以一眼掌握「全貌」，極為方便。代表值之一就是「**平均**」（平均數）[*13]。

＊12　「可視化」這個名詞，據說原本是出自豐田公司內部（豐田語）的名詞之一。

用一個數值來代表全體資料，這一個數值就稱為「**代表值**」。一般這些資料大多會集中在一定部分，以這個部分為中心上下分散，而顯示這個中心趨勢的數值就是代表值。最有名的三大代表值就是平均數、中位數、眾數。

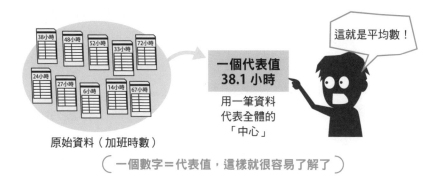

原始資料（加班時數）

一個代表值
38.1 小時

用一筆資料
代表全體的
「中心」

這就是平均數！

（ 一個數字＝代表值，這樣就很容易了解了 ）

　　只要有一個平均數，就**容易和其他部門比較**。如果業務一課10個人5月平均加班時數為38.1小時，業務二課為27.6小時，比較兩者就可以發現「一課的加班時數38.1小時可比二課多出10.5小時耶，是業務量分配不均嗎？還是有季節性因素？只是碰巧？」可用客觀角度來看加班時數多寡這件事，成為找出原因的契機。

　　不只可以和其他部門比較，也**容易和過去比較**。如果過去三年的同月平均加班時數為15.6小時、18.2小時、21.3小時，就可以斷定今年業務一課38.1小時的加班時數應該有特殊原因，當務之急就是要找出對策。

＊13　阿道夫・凱特勒（Adolphe Quetelet，1796〜1874）提倡的概念中，包含「平均人」（l'homme moyen）的概念。這表示「社會上位於常態分配中心的人」。常態分配的中心就是「平均（平均數）」，所以可以想成是「典型的人」的意思（雖然實際上可能很少人完全符合平均人的概念）。此外凱特勒也指導人口普查等，將人類的理想「身高、體重」關係化為數值。現在仍使用的BMI指數（體重w公斤，身高h公尺）為$BMI = w \div h^2$，這也是凱特勒提倡的指數，對人類健康貢獻良多。南丁格爾（Florence Nightingale，英國人）很崇拜凱特勒，她本人也是重量級的統計學家。

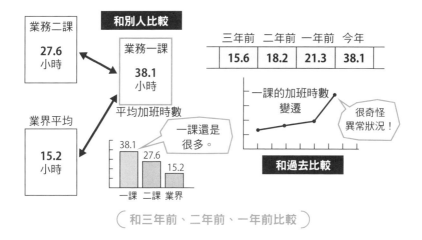

（　和三年前、二年前、一年前比較　）

▶ 代表值有三種

　　考慮到上述因素，收集資料時最先應該做的事之一，就是找出「**代表全體資料的一個代表值**」。上一頁也提到過，代表值就是「顯示全體資料中心趨勢的數值」，最知名的代表值為以下三者。

- **平均（平均數）**⋯⋯加總全體數值後除以資料數的結果。相當於全體資料的重心。
- **中位數** ⋯⋯⋯⋯⋯⋯將資料依序由小排到大時，位於正中央的數值。
- **眾數** ⋯⋯⋯⋯⋯⋯⋯資料中最常出現的數值。

　　此三種代表值的示意圖，請參閱下一頁的圖。

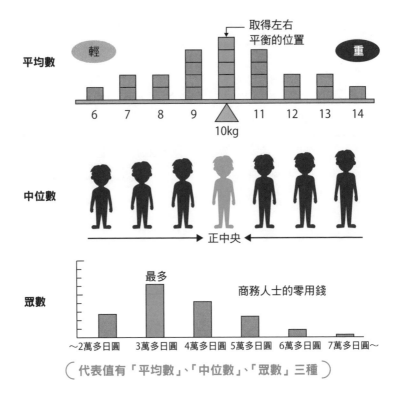

平均數

取得左右
平衡的位置

輕　　重

6　7　8　9　△　11　12　13　14
　　　　　　10kg

中位數

← 正中央 →

眾數

最多

商務人士的零用錢

～2萬多日圓　3萬多日圓　4萬多日圓　5萬多日圓　6萬多日圓　7萬多日圓～

（ 代表值有「平均數」、「中位數」、「眾數」三種 ）

　　明明說代表值是「中心數值」，怎麼會有三種呢？那是因為「中心」的定義如上所述，多少會有一些差異。

　　這三種代表值當中，平均數被視為「代表值中的代表值」，是統計學中最常用的代表值。不過三者之間會因為最根本的資料分布狀況，而有以下各種可能性。詳細內容將於第三章說明。

・平均數≒中位數≒眾值
・平均數＞中位數＞眾數
・眾數＞中位數＞平均數

資料離散的程度？
——敘述統計學②

現在我們已經掌握了代表值這項工具，但有時光靠這個中心資料，還無法妥善表示全體資料。

▶ 補代表值不足之「離散」資料

代表值是很方便的指標，可以只用一個數值就代表全體資料的「中心趨勢」，可是也隱藏著一個大問題。也就是光看「代表值」無法了解**全體資料的分散狀況、離散程度**。舉例來說，下圖事例有相同的平均數，但卻無法說這五組資料「有相同特徵」。

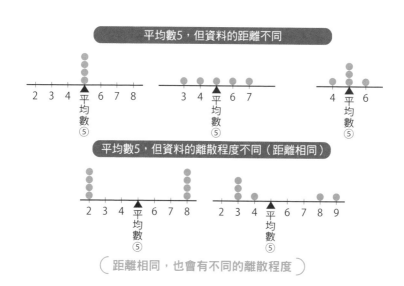

距離相同，也會有不同的離散程度

這麼一來，當然會想知道資料距離，也就是「資料的分布範圍」，或者是資料的離散程度。而表示資料距離和離散程度的數值，就是以下所謂的**「離散量數」**。

（三大離散量數）

①**變異數（標準差）**………顯示「資料離散程度」的數值之一。變異數
和標準差原本就是相同內容，因此幾乎被當
成同義語使用（數值不同）。

②**四分位距**………………由下往上數來1／4位置的數值（第１四分位
數），到3／4位置的數值（第３四分位數）之
間的距離。是用來了解中心附近的資料離散
程度的參考。第２四分位數就是中位數。

③**範圍**…………………顯示資料存在距離（最大－最小）的數值。

▶「變異數」示意圖

第三章將詳細說明變異數（標準差），在此僅先說明示意圖。

變異數如下圖所示，就是把「各資料和平均數差異（稱為離差）」的平
方，加總後除以資料數的結果。寫成文字看起來很複雜，看圖應該比較容
易理解。

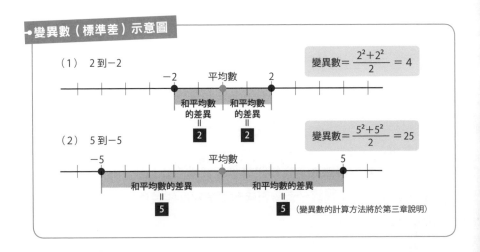

變異數（標準差）示意圖

（1） 2 到－2

$$變異數 = \frac{2^2 + 2^2}{2} = 4$$

－2　　平均數　　2

和平均數的差異＝2　　和平均數的差異＝2

（2） 5 到－5

$$變異數 = \frac{5^2 + 5^2}{2} = 25$$

－5　　　平均數　　　5

和平均數的差異＝5　　和平均數的差異＝5

（變異數的計算方法將於第三章說明）

首先如上一頁圖所示，有二條數線（1）和（2），每條數線的二筆資料（2、-2和5、-5）的「平均數」皆為0。然而數線（1）「各資料－平均數」的差為2（正確來說是±2），而數線（2）則是5（正確來說是±5）。

因此「平均數雖然相同」，但（1）和（2）和平均數的差卻完全不同。此時數線（2）的離散程度較大，變異數也較大，（1）和（2）的變異數分別為4和25（詳細計算方法將於第三章說明）。

標準差則是單純取變異數的平方根。（1）的變異數為4，所以標準差為 $\sqrt{4}=2$，（2）的變異數為25，所以標準差為$\sqrt{25}=5$。

$$變異數=（標準差）^2 \Longleftrightarrow 標準差=\sqrt{變異數}$$

變異數與標準差很重要，而且一點兒也不難。不過因為說明的需要，有時會用變異數來說明，有時會用標準差來說明，這一點還請讀者們諒解。

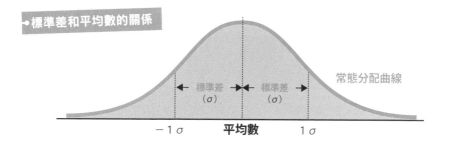

標準差和平均數的關係

標準差（σ）　標準差（σ）　常態分配曲線

－1σ　　平均數　　1σ

標準差（或者變異數）和平均數組合出的圖形，也就是常見的「常態分配」，如上圖所示。

收集許多身高或體重等資料，就可畫出一條吊鐘（Bell）型的曲線，大多數人的資料會趨近平均身高（平均體重），離平均數越遠，資料越少。

此時，已知約68%的人會落在平均數±1標準差的範圍內，而約95%的人會落在平均數±2標準差的範圍內。

因此平均數和標準差（或變異數）常常成對使用，標準差就類似是一個距離（單位）的概念。

▶「四分位數」和「最大值、最小值」示意圖

其次要來看看前面提過，以四分位數來表示的「四分位距」[14]，以及最大值、最小值之間的「全距（Range）」示意圖。

假設有19筆資料（1～23），配置在如下的數線上。

這19筆資料中最小的資料就是「最小值」，此例中就是排在第「1」個的資料1。而最大的資料就是「最大值」，此例中就是排在第「19」個的資料23。

而在「四分位距」中也曾說明過，四分位數的定義如下。

・所有資料由小排到大，位於1/4位置的資料……第1四分位數

・所有資料由小排到大，位於2/4位置的資料……第2四分位數

（中位數）

・所有資料由小排到大，位於3/4位置的資料……第3四分位數

此例中中位數也就是第2四分位數，就是排在第「10」個的資料10，

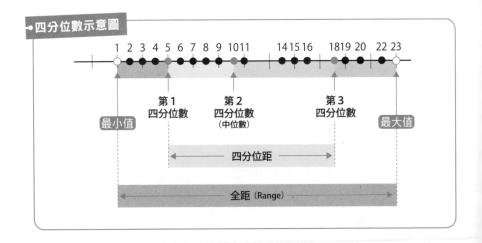

四分位數示意圖

第1四分位數則是比中位數小的9筆資料當中，排在正中央的5，而第3四分位數則是排在第「15」個的資料18。

而第1四分位數到第3四分位數之間的距離，就是前面提到過的「四分位距」。而最大值到最小值之間的距離就稱為「全距（Range）」。

四分位數、最大值、最小值通常不會出現在分配的圖形中，而是和所謂的「箱形圖」一起使用，如下圖所示。

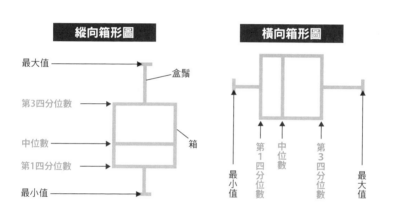

---

*14　除了四分位數，也有三分位數、五分位數、十分位數等，但統計學中最常使用「四分位數」。四分位數也被稱為「樞紐（Hinges）」、「四分位點」，第1四分位數又稱為「Q1、25百分位數、下樞紐」，第3四分位數又稱為「Q3、75百分位數、上樞紐」。此外，Hinge這個字的原意是「鉸鏈」。

4 用樣本來思考
——推論統計學①

資料（母體）龐大時，有時不可能取得所有資料。此時推論統計學就是最強有力的幫手。

▶ 不可能收集所有資料？怎麼辦？

資料數量少時，只要收集所有資料化為圖形，再算出平均數等指標，大概就可以找出問題點了。

可是萬一是「想知道所有住在日本的商務人士的平均午餐餐費」時，實務上不可能取得所有商務人士的資料。此時比較實際的做法，就是由所有商務人士的群體中取出樣本（數百人、數千人），以取代所有商務人士吧。

這種狀況下，最根本的所有資料，在統計學中稱為「**母體**」。而由母體中取出的樣本資料，就稱為「**樣本（Sample）**」。

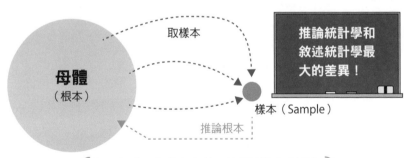

（如果無法取得所有資料，就利用樣本來思考）

也就是說，原本是希望收集到所有資料後，再找出平均數、最大值、最小值等，可是卻只能取得樣本資料，所以希望用樣本來推論「最根本的母體」——此時推論統計學就是最佳幫手。

▶ 由敘述統計學到推論統計學

如果我們把19世紀末到20世紀初的統計學（以收集所有資料為基礎），稱為「敘述統計學」，進入20世紀後承襲敘述統計學並加以進化後，就出現了「**推論統計學**」[*15]（inferential statistics）。英國統計學家羅納·費雪（Ronald Aylmer Fisher，1890～1962）是公認的推論統計學始祖。

如同前面說明時用到「進化」一詞，與其把這二者當成「完全不同的統計學」，不如想成是包含的關係更為合適。

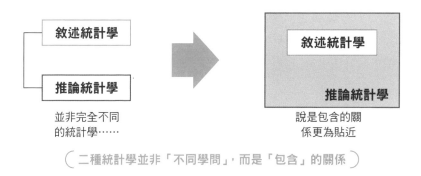

敘述統計學

推論統計學

並非完全不同
的統計學……

敘述統計學

推論統計學

說是包含的關
係更為貼近

（ 二種統計學並非「不同學問」，而是「包含」的關係 ）

「推論統計學」最大的特徵，就在於**「即使在母體過大只能取得樣本的情形下，也確立了利用樣本資料推論最根本的母體性質的方法」**。

---

*15　推論統計學（inferential statistics）：係指利用由母體隨機抽出的樣本，來推論原始的母體性質（平均數等）的統計學。

5 如同福爾摩斯的推理
——推論統計學②

推論統計學的二大支柱就是①估計，②假設檢定。「估計」是利用樣本以調查最根本的群體（母體）的平均數等特徵。

▶ 「估計、假設檢定」是推論統計學的二大支柱

世界上有太多狀況不可能收集到所有資料，不過即使如此，仍有可能收集到樣本資料。問題是計算少數樣本資料的平均數和變異數，算出來的也不過是樣本的平均數和變異數，並不一定和根本的（母體）平均數和變異數一致。而且每次取出的樣本算出來的樣本平均數也不見得一樣。

那麼該如何是好？要做出合理判斷，就必須考慮以下幾點。

・如何抽取樣本？（為避免偏重）

・必須有多少樣本？

・要根據何種手法，由樣本去推論全體（母體）？

・此時有多少程度的誤差？

亦即必須考慮到抽樣的方法、步驟、結果等。

而考慮到上述因素，推論最根本的所有資料（母體）的平均數等，有95％或99％的機率「在一定區間內」的方法，已獲得確立。因此現在一提到統計學，一般指的就是「推論統計學」。

推論統計學的二大支柱如下。

・**估計（統計估計）**………由少數的樣本資料推論根本母體的特徵。

・**假設檢定（檢定）**………針對根本母體，在一定機率下檢定某假設的驗證。

▶「估計」類似福爾摩斯的推理

推論統計學的支柱之一就是「估計」，全名是「**統計估計**」，但一般簡稱為「估計」。在序章中也曾提到，「估計」類似福爾摩斯的推理，也就是即使在首次見面，幾乎沒有任何資訊的情況下，也可以根據僅有的些微線索，做出合理推理的做法。

原本如果能取得最根本的所有資料（母體），就可以從中取得平均數等「代表值」。然而要取得龐大的所有資料[*16]，不論從時間上來看還是金錢來衡量，都是不切實際的做法。這種情形下「取樣本來思考」可說是聰明的做法。

所以用具體的樣本資料，來估計原始的所有資料（母體）代表值（平均數等）和離散程度（變異數、最大值～最小值等）。「**估計**（統計估計）」的詳細內容放在第五章。

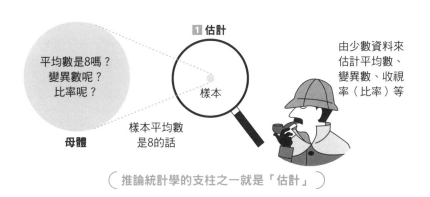

1 估計

平均數是8嗎？
變異數呢？
比率呢？

母體

樣本

樣本平均數
是8的話

由少數資料來
估計平均數、
變異數、收視
率（比率）等

（ 推論統計學的支柱之一就是「估計」 ）

---

*16　以收集全體國民資料來說，最好的例子就是每五年一次的「人口普查」。人口普查需要670億日圓的經費，動員70萬調查人員。話雖如此，實際執行的人員並非國家公務員或市政府職員，而是地區自治會。2015年人口普查時我本人剛好是自治會會長，也任命5位幹部為調查人員。當時他們要調查約360戶家庭，由說明調查主旨到回收答案紙，每戶都要拜訪好幾次，不但平日要調查，連週六日晚上都要出動。這次的經驗讓我深深體會到，「收集以全國為單位的所有資料」，真可謂難如登天。

6 先假設再驗證
——推論統計學③

根據樣本資料，針對根本的資料建立某種「假設」，然後驗證是否接受該假設。
這就是推論統計學的第二根支柱。

▶ 假設檢定就是建立假設後推論

推論統計學的第二根支柱就是「**假設檢定**」（也簡稱為檢定）。假設檢定就是用一定程度的確定性（95％或99％的機率），來判斷「超過一千日圓與否，消費者的購買心理會大為不同嗎？」、「男女的設計感是否有差異？」等假設「成立與否」。

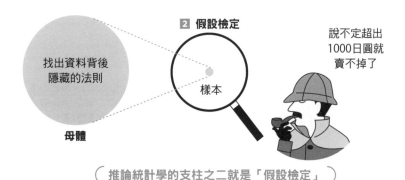

推論統計學的支柱之二就是「假設檢定」

假設檢定是在想判斷某種假設的真偽時，

①故意建立一個可能的 "偽" 假設

②根據資料來判斷可能的 "偽" 假設

根據上述步驟來調查假設的真偽（拒絕假設等）。這種假設檢定的手法，也可以用來驗證「新藥有效還是沒效」等。

此外，就算是一般商務人士（不以資料分析為主業），如果能學會假設檢定的概念，對日常工作也很有幫助。因為在會議或簡報場合中發表意見時，很難用感覺、直覺或經驗來說服別人。為了顯示自己的論述根據（證據），學會「假設檢定」的架構和論述方法，絕對可以大幅提升說服力。

而且假設檢定用的還是很奇妙的方法。也就是驗證時，並非直接驗證自己覺得「應該是這樣吧？」的假設（假設A），而是要建立一個完全相反的假設B，做為要驗證的「假設」。建立假設B時，就期待在驗證的過程中，能「拒絕」此假設，因此稱之為「**虛無假設**」（回歸虛空），而真正想證實的假設A則稱為「**對立假設**」。

然後實際驗證時，採取的是間接的方法，也就是「因為拒絕了假設B，所以間接證明了假設A」。看起來有點複雜，不過只要嫻熟了，就可以按部就班進行假設檢定。詳細內容放在第六章來說明。

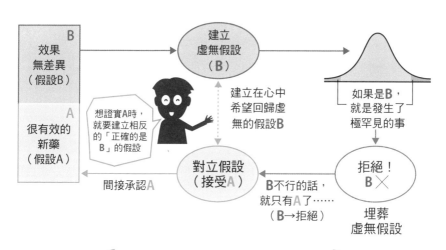

建立假設 B → 拒絕 B → 接受剩下來的 A

▶ 推論統計學使用「常態分配」等

推論統計學（一般的統計學）常用到「**常態分配**」等機率分配，以估計母體平均數（統計估計），或判斷某假設的妥當性。

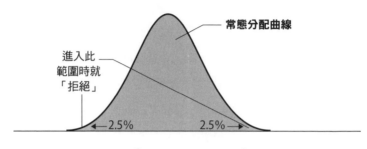

（畫出常態分配曲線）

那麼判斷的基準是什麼呢？統計學會在95％或99％的機率劃一條線，據此判斷妥當性（正確性）。然而所謂的95％或99％，就是「如果假設是正確的，那就表示發生了極罕見的事（例如5％以內的事）。所以就表示假設有誤」的判斷。然而就算是95％正確的判斷，也並非絕對正確。因此有時也會判斷錯誤，這5％的風險就稱為「**危險率**」[*17]。

▶ 大自然中常態分配很多？

話說回來，推論統計學為什麼會利用常態分配曲線？那是因為量測身高、體重等數據時，樣本的分配「常常是以平均數為中心，左右呈漂亮吊鐘型的常態分配曲線」。由右頁的直方圖[*18]也可以類推出同樣的結果。

[*17] 危險率──在對嚴密性有最高程度要求的世界中，考慮到「不對的風險」，會用比危險率5％更高的要求進行檢定。2015年諾貝爾物理獎得主梶田隆章發現「微中子有質量」，當時的危險率（也就是萬一錯誤的機率）低到0.0000000003％。各個業界都可以看到統計學活躍的身影。

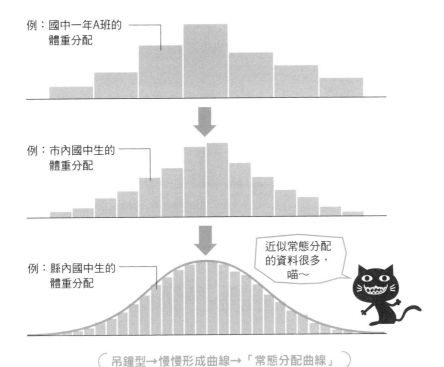

例：國中一年A班的
體重分配

例：市內國中生的
體重分配

例：縣內國中生的
體重分配

近似常態分配
的資料很多，
喵～

（ 吊鐘型→慢慢形成曲線→「常態分配曲線」 ）

　　當然並非所有資料都會近似常態分配。像是家庭存款餘額、公司各商品的銷路等，大致會形成下一頁左上右下的圖形。這種圖形就稱為「**冪次分配**」（指數分配）。

　　假設橫軸是商品品項數量，縱軸是營收。賣得最好的品項位於左側，營收金額也很高，賣得不好的商品品項就落在右側，營收（高度）也幾乎為零，形成「拉出一條長尾巴的圖形」。這個長長的尾巴部分就稱為長尾（Long Tail），而「冪次分配」就是用來顯示這種狀況的圖形。

---

*18　直方圖（Histogram）又稱為柱狀圖、直條圖等。看著直方圖就可以視覺了解全體資料的分布狀況，如全體資料的中心在哪一邊、資料的離散程度、以及是一個高峰的單峰型資料，還是二個高峰的雙峰型資料等，得到許多線索。這個詞是histo（直立）和gramma（描繪）的合成詞，據說是英國統計學家卡爾・皮爾生（Karl Pearson，1857～1936）發明的單字。

除此之外，像是擲骰子時1～6點每個點數出現的機率，其實都是1/6。這種狀況化為圖形就是一直線的「均勻分配」，也不是吊鐘型的常態分配。

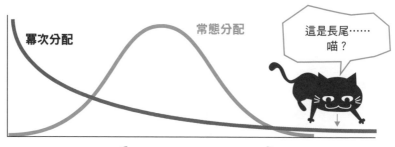

（ 冪次分配、常態分配圖形 ）

　　除了常態分配、冪次分配、均勻分配等以外，還有二項分配、波瓦生（Poisson）分配等，種類繁多。而像上述骰子的事例（均勻分配），因為1點到6點（非連續資料）出現的機率各為1/6，合計就是「1」，又稱為「**機率分配**」。

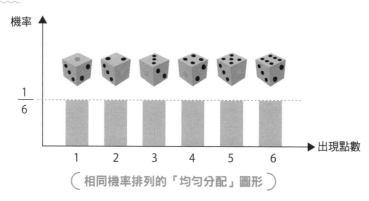

（ 相同機率排列的「均勻分配」圖形 ）

　　另外體重等連續資料雖為常態分配，這也和非連續資料一樣，可想成是表示機率的曲線，所以該機率分配圖形和橫軸圈起的面積合計為「1」，可看成一定範圍的面積表示「機率」，所以也可稱為機率分配。

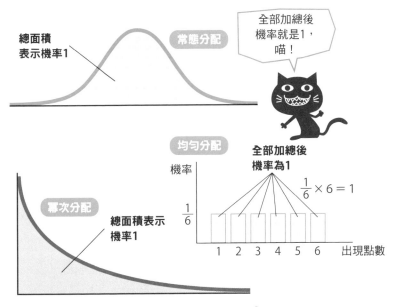

（圍起範圍的面積＝「1」）

7 什麼是統計分析、多變量分析？

統計學領域中較難理解的概念就是多變量分析和統計分析。「多變量分析」的多變量，指的就是同時處理二個以上的變量並進行分析。

▶ 用多變量分析「預測」

統計學的對象資料有各種可能性。

- ・1變量 ………（例）營收變化、身高變化。
- ・2變量 ………（例）身高和體重的相關關係、讀書時間和成績的相關關係等。

其中處理2變量（變數）以上的領域，就稱為「**多變量分析**」。例如上述「2變量」的例子中，「身高和體重」的關係，在小學時可說是明顯相關。這麼一來，某種程度來說就可以「預測」未來一年、二年的狀況。多變量分析也可用來做為「預測」的工具。

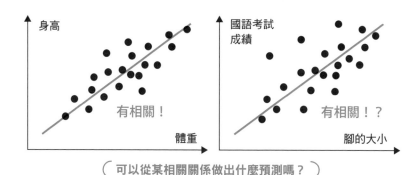

（ 可以從某相關關係做出什麼預測嗎？ ）

不過比較小學生的腳的大小和國語考試成績時，看起來雖然有相同的相關關係（如右上圖），此時真的可以說「大腳小孩的成績比較優秀」嗎？這種情形應該要考慮的是年級帶來的差異吧。

就算有相關，也存在著沒有因果關係的事例（稱為**假性相關**），請務必小心。

▶ 有多種分析手法

另外「統計分析」也是很常聽到的名詞。但這個名詞所指的範圍，解釋就會因人而異了。

一般說到「統計學」，範圍其實很明確。也就是指平均數、變異數、甚至是估計、假設檢定等（敘述統計學、推論統計學、貝氏統計學）的範圍。而處理2個以上變量的手法則是多變量分析。

「**統計分析**」則可以想成是利用這些統計學手法，解析各種資料，以應用於商業等場合。

也可以說統計學是提供應用於全體統計的基礎理論，而統計分析則是應用於各業界、各種應用的手法總稱。

不過即使書名中有「統計分析」，但大多數此類書籍並不會只談分析的部分，而是會從平均數、變異數等開始說明，因此才難以和統計學做出明確的「區分」。

8 傳統統計學 VS 貝氏統計學

說到「統計學」，指的就是敘述統計學和推論統計學——這是過去的想法。20世紀後半開始，「貝氏統計學」開始廣為人知，逐漸改寫了統計學的勢力地圖。為了和新的貝氏統計學做出對比，有人將過去的統計學稱為「頻率論」或「傳統統計學」。

▶ 沒有樣本資料也可以預測？

相對於過去的統計學，「**貝氏統計學**」是新問世的統計學。傳統統計學也因此被稱為「**頻率論**」。不過如果沒有任何說明，只寫著「統計學」時，通常指的都是前面說明過的推論統計學，而非貝氏統計學。「頻率論」不過是為了和貝氏統計學做出對比才使用的名詞。

我是統計學家。

我是貝氏（Bayesian）。

（統計學二大流派）

傳統統計學（頻率論）用於可預測發生頻率的事例中。反過來說，當資料很少甚或原本就沒有資料時，就很難估計。

相對地，貝氏統計學就算樣本資料很少，也可以估計。說得極端一點，連一次都不曾發生過的事件（資料0），都可以估計其發生機率，這就是貝氏統計學的特徵。

▶ 資訊更新後機率也會改變

　　貝氏統計學的另一個優點，就在於**有新資訊增加時，推論的機率也會隨之改變（精度更高）**。這個優點又稱為「**貝氏修正**」。

　　大家可以想想以下狀況。

　　昨天晚上你去了 A、B、C 三家店喝酒，還搭了計程車 D，可是你喝茫了，完全不記得何時何地搭上計程車 D，也不記得先去了哪家店、最後從哪家店離開。回到家你才發現包包不知放在哪兒了。包包應該不是在三家店中某一家裡，就是在計程車上，在這個階段看來，機率各為 1／4（不知道順序）。因為沒有其他任何資訊，只能大概推估「大概是 1／4 吧」。

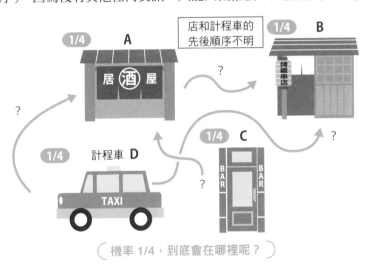

（機率 1/4，到底會在哪裡呢？）

　　如果現在有了新資訊，會有什麼不同呢？如果回想出「第一家是去 A 店，離開時包包明明還在身旁」，那麼包包就只可能在剩下的 B 店或 C 店，或者是計程車 D 上了，所以機率會變成 1／3。如果進一步想到「我很常去 B 店，如果包包忘在店裡，店裡的人應該會打電話通知我」，說不定 B 店的機率就可以降低到其他地點的一半，於是機率變成 B 是 1／5，C 是 2／5，計程車 D 是 2／5。

如此這般，隨著資訊越來越多，「機率也隨之改變（修正）」，這就是貝氏統計學的特徵。

只不過把各個地點的機率都當成1／4，或者是常去的B店機率當成其他地點的一半，這些做法並沒有任何數學根據佐證，有非常主觀的一面（但以經驗值來看是可以理解的做法），這也就是貝氏統計學最引人爭議之處。

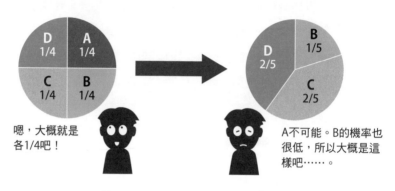

用主觀看法決定、修正機率

▶ 過去一直被抹殺的貝氏統計學

一直到2000年左右[*19]，日本人幾乎都不知道貝氏統計學的存在。因此有人說不定以為貝氏統計學像是統計學界的彗星，是全新的統計學理論，其實並非如此。貝氏統計學竟然是約300年前，由英國統計學家托馬斯·貝葉斯（Thomas Bayes，1702～1761）發明，後來經法國數學家皮耶-西蒙·拉普拉斯（Pierre-Simon Laplace，1749～1827）確立，歷史悠久的古老統計理論。

[*19] 筆者感受到「貝氏統計學」的可能性（以書籍來看就是「賣得掉！」的意思），是在2008年。因為前一年出版要價3,600日圓的高價書籍，竟然寫下一年四刷的佳績，讓我震驚不已。現在在亞馬遜網路書店上搜尋貝氏相關書籍，1999年、2003年各有一本著作出版，然後就是2007年寫下一年四刷成績的那本書。看著這些資料，說日本到「2000年」左右為止，一般人都不知道貝氏統計學的存在，應不為過。

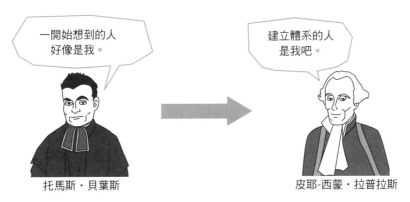

一開始想到的人好像是我。

建立體系的人是我吧。

托馬斯・貝葉斯

皮耶-西蒙・拉普拉斯

（ 貝葉斯發明想到，拉普拉斯建立體系 ）

　　然而如前所述，貝氏統計學允許經驗上來看「主觀」的部分，如「各分配 1/4」、「B 的機率只要一半就夠了」等，不適用嚴密的數學佐證。因此當時的數學家們十分討厭貝氏統計學，認為「貝氏統計學太隨便了，不能當成是科學的統計學！」特別是推論統計學始祖費雪，更是徹頭徹尾地持續譴責貝氏統計學。

　　在這種背景下，只要學者提出略帶貝氏統計學氣息（主觀主義的氣息）的討論、發表，就會被學會集中砲火攻擊。貝氏統計學過去就在統計學世界被封印、抹殺至今。

▶ 貝氏統計學的復活

　　不過就像上述「遺失物」的例子，用加上經驗值的機率來解決問題，這種方法其實有其符合現實的一面。

　　特別是在二戰時，軍隊被迫在欠缺敵軍正確資訊的情形下做出重要決策。據說當時就曾偷偷地用貝氏統計學做出決策[20]。

　　二戰結束後，這些事實都被當成「機密事項」禁止公開（原因也包括英國政府覺得以後可能發生第三次世界大戰等），所以包括成功破譯德國納

粹密碼等事實在內，貝氏統計學的有用性一直無法公諸於世。

然而在沒有數學機率的狀況之下，貝氏統計學協助解決現實中生死攸關的問題，例如指定出美國載運氫彈的軍機墜落地點等，現今都已廣為世人所知。

到了2001年，微軟總裁比爾‧蓋茲表示「21世紀微軟的基本戰略就是貝氏科技」，Google公司也用了貝氏過濾法來過濾垃圾郵件。做法就是事先定義垃圾郵件，然後再加上使用者本人判斷是否為「垃圾郵件」等資訊，來判別其後的郵件是否為垃圾郵件。

現今實務上運用貝氏統計學的事例越來越多，貝氏統計學可說是終於出頭天了。

---

*20　二次大戰時極為欠缺數學家和統計學家，所以連保險精算師等都被受到徵召。不知該說是幸還是不幸，這些人並非統計專家，所以在不知道貝氏統計學評價的狀況下，用了貝氏統計學做出決策。此外英國數學家艾倫‧圖靈（Alan Mathieson Turing）在破譯納粹密碼（Enigma）時，為避免納粹發現，也用了統計學的技巧。也就是說，如果派援軍到破譯出來的所有陣地，就會被納粹發現「密碼被破譯了」，所以只在「聯軍會出現在那個陣地，不過是偶然」的程度派出援軍，其他陣地則不派援軍（也就是默許這些陣地被納粹攻破）──用統計學做為判斷的基準，是令人悲傷的統計學應用事例。

第2章

避免資料和圖表讓自己出糗！

從小學開始我們就很熟悉「圖表」，進社會後每天也都會接觸到「資料」。現在還要教我們資料和圖表，實在是……。不過不了解「資料類型」的話，就可能在統計處理時犯下大錯，而「圖表處理」錯誤，也可能導致嚴重的工作失誤。為了避免發生這種情形，本章節要說明資料類型和圖表處理的「常識、非常識」。

連續資料和非連續資料？

平常我們處理的資料，其實有很多類型。首先先區分連續資料和非連續資料吧。

資料也分種類。「連續資料」指的是像身高（高度）、體重、時間等連續不中斷的資料。身高170㎝的人一個月後就算長到171㎝，也不是瞬間突然就多了1㎝，應該是慢慢不間斷地一直長上去的。體重和時間也是一樣的道理。這類型的資料就屬於「**連續資料**」。

相對地，「**非連續資料**」（離散資料）指的則是散在的數值。例如樓梯，有第1階、第2階，但其間並沒有第1.67階等，是不連續的數值。

考慮到這二種類型的資料分配，連續資料可以畫出和相鄰項目之間沒有間隙的直方圖，而非連續資料則適合畫出有間隔的直條圖。

事實上身高也可以用1㎝為單位來看（非連續資料），1日圓、2日圓計數的金錢也可以當成是連續資料。兩者差異在於連續資料是類比資料，而非連續資料則是數位資料。如果不知該如何判別時，可以想想「是否有可以用小數來表示的數值」再決定（平均數等例外）。

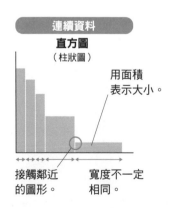

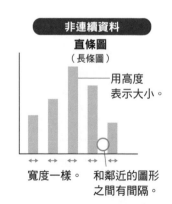

連續資料

這中間可以一直細分下去的資料
就是「連續資料」。

171cm   171cm

這1cm之間是不間斷地
連續改變。

170cm

放大也會是
平滑的連續
曲線。

體重也是
「連續資料」

再放大
也是……

時間也是1秒鐘
之間可以再無限
細分。

連續資料、非連續資料的區分，可以用
是否有「小數點以下」的數值來考量

非連續資料

分布的資料。

老子還「不算
一個大人」，
所以可以算成
0.5個人嗎？

有1點、2點，
但沒有1.3點。

金錢也是1日圓、
2日圓地算。

書和筆記本也是
1本、2本地算。

藥是1顆、2顆地數，人則是1人、2
人，房子是1棟、2棟……。「做起事
來不算一個大人」不表示就是0.5個
人，也沒有這種計算方法。

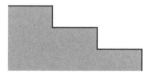

樓梯也一樣，有第1階、第2階，
沒有第1.67階！

2 用尺度分類資料！

人類的資料也分成許多種。身高、體重是很明確的數值資料，但像「男／女」這種性別資料，既非上一節提到的連續資料，也不是非連續資料（離散資料）。這種資料我們用另一個角度，也就是「尺度」來分類。

▶ 分成四類尺度可以了解什麼？

上一節說明的「連續資料、非連續資料」，都屬於數值資料。一般說到「資料」，大家常會想到是「數值」，其實在統計學中，有時也會將原本並非數值的內容當成「資料」。

看看以下的履歷表，內含許多資訊。把這些資訊用四大「尺度」來分類，不同性質尺度的處理方式（計算代表值等）也不同。

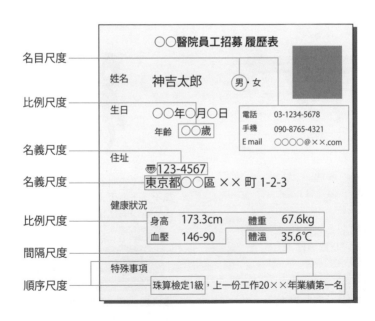

我把主要內容彙整在下一頁。不知道尺度也不會因此就無法理解統計學，但處理資料時如果能意識到尺度差異，有許多好處，所以我特別針對容易搞混的部分，下一節起用會話形式整理主要內容。

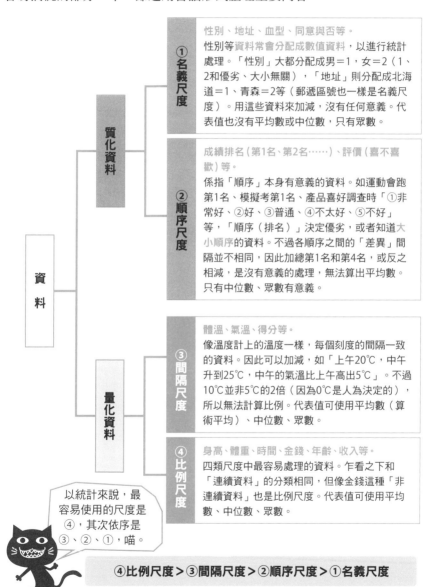

質化資料

① 名義尺度
性別、地址、血型、同意與否等。
性別等資料常會分配成數值資料，以進行統計處理。「性別」大都分配成男＝1，女＝2（1、2和優劣、大小無關），「地址」則分配成北海道＝1、青森＝2等（郵遞區號也一樣是名義尺度）。用這些資料來加減，沒有任何意義。代表值也沒有平均數或中位數，只有眾數。

② 順序尺度
成績排名（第1名、第2名……）、評價（喜不喜歡）等。
係指「順序」本身有意義的資料。如運動會跑第1名、模擬考第1名、產品喜好調查時「①非常好、②好、③普通、④不太好、⑤不好」等，「順序（排名）」決定優劣，或者知道大小順序的資料。不過各順序之間的「差異」間隔並不相同，因此加總第1名和第4名，或反之相減，是沒有意義的處理，無法算出平均數。只有中位數、眾數有意義。

量化資料

③ 間隔尺度
體溫、氣溫、得分等。
像溫度計上的溫度一樣，每個刻度的間隔一致的資料。因此可以加減，如「上午20℃，中午升到25℃，中午的氣溫比上午高出5℃」。不過10℃並非5℃的2倍（因為0℃是人為決定的），所以無法計算比例。代表值可使用平均數（算術平均）、中位數、眾數。

④ 比例尺度
身高、體重、時間、金錢、年齡、收入等。
四類尺度中最容易處理的資料。乍看之下和「連續資料」的分類相同，但像金錢這種「非連續資料」也是比例尺度。代表值可使用平均數、中位數、眾數。

以統計來說，最容易使用的尺度是④，其次依序是③、②、①，喵。

④比例尺度＞③間隔尺度＞②順序尺度＞①名義尺度

3 名義尺度就是「北海道＝1」⋯⋯這種分配的資料

我將「名義尺度」當成四類「尺度」*21之首。這是因為名義尺度的資料是最難處理、最不自由的資料。雖然嫻熟尺度差異並不表示統計學就比較強，但的確對資料處理很有幫助。

▶ 「名義尺度」的資料可以計算嗎？

「名義尺度」到底是什麼呢？上一節的「履歷表」中，「性別、地址」等就相當於名義尺度，其他如「血型、同意與否」等也是「名義尺度」。

名義尺度原本並不是「數值資料」。 但填問卷特時填寫的「本人關係資訊」中，偶爾出現名義尺度的資料。這些資料不直接使用文字，而是分配成數值資料，以便於進行統計處理。

首先「性別」經常被數值化成男＝0、女＝1，或者是男＝1、女＝2。這裡最需要注意的是，1、2等數字**並不具備數值的大小關係，也不表示優劣。**

男　　　　女

· 數字差異不代表「大小、優劣」
· 單純只用來區別

「地址」則被數值化為北海道＝1、青森縣＝2⋯⋯、滋賀縣＝24、⋯⋯沖繩縣＝47，而郵遞區號則有162-0001或241-0101等數值，這些數值其實也都不過是「為求方便而分配的數值」。

沒有優劣、大小關係，就某個角度來看是「無意義的數值」，所以把這

些數值拿來加減乘除，也沒有任何意義。當然算出平均數這種統計代表值，也不具任何意義。

上面一再強調「沒有意義」，接著實際來算算看會出現什麼結果吧。舉例來說，假設北海道＝1、沖繩縣＝47，算出平均數（要算當然算得出來），結果如下‧但我想看到這個結果，大概沒人會認同「原來如此！」吧。

$$\frac{北海道+沖繩}{2} = \frac{1+47}{2} = 24 = 滋賀縣$$

由北往南依序為各縣編號，北海道、東北、關東到中部地方共有23個都道府縣。所以第24個就是近畿地方。近畿地方由滋賀縣開始算起，還是由三重縣開始算起，會因狀況而異，並沒有固定順序。也就是說，**名義尺度不過是為了方便「數值化」的對策**，數值本身並非絕對數值。所以才會說拿這些數值來加減乘除「沒有意義」吧。

「沒有意義」就是「不能計算」的意思吧。不是嗎？

不是哦，要算還是可以算的。像上面的除法當然可以算。而且妳也可以把（1+47）÷2這個除式，想成好像是要算出「北海道和沖繩縣的平均數」一樣。當然加總北海道和沖繩縣二縣時，如果是要求出平均氣溫也就算了（雖然這也很難說是有意義的計算），根據分配給各縣的數字，「據以算出計算結果，再除以2，也沒有意義」。

＊21　四類尺度是1946年史丹利‧史密斯‧史蒂文斯（Stanley Smith Stevens）所提出。雖廣為人知，但並非所有人都認同。不過我認為處理資料時必須意識到尺度分類。

啊，原來如此……。順帶一提，我有一點不太了解……。知道「資料類型」或「分類」，對學習統計學有什麼幫助嗎？嘿嘿，我的說法可能很失禮，很抱歉。

$$\frac{北海道＋沖繩縣}{2} = \frac{1＋47}{2} = 24 = 滋賀縣$$

這是不可理喻的計算啊。

滋賀縣 24

如果不是24＝滋賀縣，而是分配成24＝三重縣，這個計算結果不就變成三重縣了？

1 北海道

47　沖繩縣

是否對理解統計學有直接的幫助，這一點我不知道，但一定有助於理解資料處理。「就算沒意義，有時也可以計算出結果」，這一點就是即使忽略資料類型，進行計算，「也可以算出頗像一回事的結果」的警鐘。可是如果不知道資料類型（尺度）的特性，如「這種類型的資料，拿來計算也沒有意義」、「可以加總，但不可以相除」等，就算做了奇怪的計算，大概也不會注意到吧。
嗯～，不舉出個具體事例大概很難懂吧……。之後在說明「順序尺

度」的章節，會舉出常見事例，亦即不知道資料類型就加以計算甚至排名的事例。

計算出結果 → 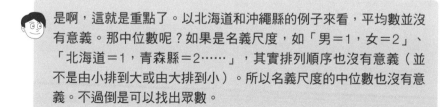 然而是沒有意義的計算結果 ✕

 咦，還有這種事例啊？不過舉「不能把北海道加上沖繩縣再除以2」這種例子，會不會太極端了啊？不用說到這個份兒上應該也可以懂吧。

有時「用極端的事例來說明比較容易懂，而且比較不會出錯」。如果用「將各縣的號碼平均……」的說法，聽來好像在做什麼高級的計算吧。這種時候用極端的事例來看，也有「直覺就可以了解」的優點。
聽說本書最後會提到一些連數學家都會搞錯的問答題，直接看這些問答題，就算知道答案也很難信服，可是用極端的事例來看，反而啪地一下就可以頓悟了。

最後我想再問一下。我知道加、減沒有意義了，那要用什麼當成統計學的代表值呢？

是啊，這就是重點了。以北海道和沖繩縣的例子來看，平均數並沒有意義。那中位數呢？如果是名義尺度，如「男＝1，女＝2」、「北海道＝1，青森縣＝2……」，其實排列順序也沒有意義（並不是由小排到大或由大排到小）。所以名義尺度的中位數也沒有意義。不過倒是可以找出眾數。

4 順序尺度就是有「順序」的資料

順序尺度就是「順序有意義的資料」，如成績排名（第1名、第2名……）、商品評價（喜不喜歡）等。但順序之間的差異不一定有相同的間隔。

▶ 「順序尺度」有「順序」！

「**順序尺度**」指的就像是運動會的第1名、第2名……、考試成績排名（第1名、第2名……）等。產品喜好調查中「①非常好、②好、③普通、④不好、⑤很差」[22] 等，也是數值化的順序資料。

> 嗯……就分配數值這一點來看，我覺得名義尺度和順序尺度好像沒有太大差異。如何區分才好呢？區分的基準線是？

> 應該就在於「**順序尺度有順序！**」這一點吧。也就是說，「順序尺度的數值表示大小排名、優劣」。

> 啊，對喔。前面的「名義尺度」只是單純分配數字給各都道府縣而已。數字的順序既沒有大小關係，也沒有優劣差異。但如果是「順序尺度」的資料，像是運動會第1名、第2名，或者是珠算1級、2級等，是「有某種順序」的資料。

> 不過還是不能加減乘除。因為運動會的第1名、第2名、第3名……各順序之間（時間等）「間隔並不相等」，所以計算結果也沒有太大意義。

---

[22]　有些問卷不會直接使用①～⑤的回答，而是分別加總①～③和④～⑤，加工（轉換）成「好」、「不好」後使用，這種做法稱為彙整。如果有打算這麼做，一開始就要設計成可以這麼加工的問卷比較好。

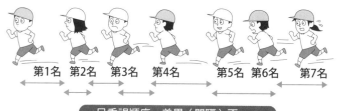

第1名　第2名　第3名　第4名　　第5名　第6名　第7名

只重視順序，差異（間隔）不一。

原來是這樣啊。不過剛剛前輩說計算時忽略資料類型的「常見事例」是什麼？

例如問卷中有一題是「喜歡哪家公司的商品？請依序回答最喜歡的前三名」。統計時給第1名的公司10分，第2名9分，第3名1分，然後加以排名，公布「最受歡迎的前十家公司」的話，會出現什麼結果？

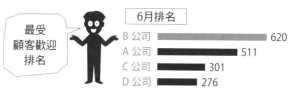

最受顧客歡迎排名

6月排名

B 公司　620
A 公司　511
C 公司　301
D 公司　276

*順序尺度的資料有時也會被操作

給分規則改變，排名好像就會變了。啊，對了。原本**間隔就不相等，所以不能給分數**啦。如果原本是給3分、2分、1分，大概就很難發現，可是用了10分、9分、1分這種極端事例，就很容易發現自己會錯意了。

如果是順序尺度，就算不是數值資料，也可以由大排到小（由小排到大），或者是依快慢排序、排成績或評價高低等，所以可以知道中位數是哪筆資料，也可以找出眾數。

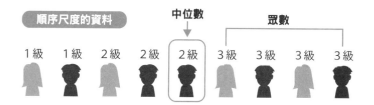

順序尺度的資料　　　　中位數　　　　眾數

1 級　1 級　2 級　2 級　2 級　3 級　3 級　3 級　3 級

5 間隔尺度和比例尺度？

說到資料的尺度，最難理解（最難和以下的比例尺度區分）的說不定是間隔尺度和比例尺度的差異。先來看看重點。

▶ 10℃不是5℃的2倍？

資料和資料之間間隔相等，是「**間隔尺度**」的特徵。例如體溫（攝氏℃）、氣溫（攝氏℃）、數學得分等。這些數值一開始就是間隔相等的數值，所以「資料之間可以計算」。

以溫度來說，資料之間可以加減計算，如「上午20℃，中午變成25℃，所以中午氣溫比上午升高5℃（25℃－20℃＝5℃）」。那間隔尺度的資料可以用來乘除嗎？那就不行了。因為「**20℃不是10℃的2倍**」。

能解決這個問題的是「比例尺度」。

我要提問！為什麼明明可以加減，如「25℃－20℃＝5℃」，卻可斷言「20℃不是10℃的2倍」，亦即「不能計算比率」呢？我覺得20÷10＝2沒錯啊。而且資料之間間隔又相等。

的確如果只看攝氏溫度（℃），「看起來的確是2倍」吧。這種時候如果跳脫攝氏溫度，去看看外面的世界，應該就會懂了。如果把溫度的單位換成攝氏以外的單位，還可以這麼說嗎？
溫度單位除了攝氏溫度（℃），還有華氏溫度（℉）的世界。把攝氏10℃、20℃換算成華氏溫度，就變成50℉、68℉[*23]。這麼一來68÷50＝……就不是2倍了。因此用攝氏溫度（℃）量測的資料，即使拿來乘除「也沒有意義」。

那剩下的不就只有絕對溫度（K）了……。

 對啊，絕對溫度就是「比例尺度」。差在哪裡呢？攝氏溫度和華氏溫度中「0」的位置都是人為決定的結果。也可能有零下的溫度。可是**絕對溫度的「0度」是大自然中最低的溫度，也就是說不會有比絕對溫度「0」更低的溫度了**。而且基準是自然界的「0」，所以不但可以加減、算比率，還可以計算平均數、取中位數、眾數。

 原來如此，所以可以說「絕對溫度100K就是絕對溫度10K的10倍高溫」。身高、體重、時間、金錢、年齡，原則上都不會小於「0」。營收就算沒有達標，也不會有0以下的營收。*24

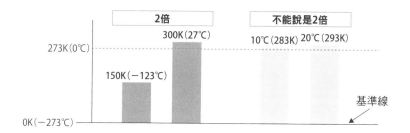

*23 攝氏溫度（℃）要轉換成華氏溫度（℉），可用以下公式換算：℉＝（℃×9/5）+32。華氏溫度（Fahrenheit：℉）下水的冰點（結凍溫度）是32度，沸點是212度，中間分成180等分。攝氏溫度下水的冰點是0度，沸點是100度，中間分成100等分。

*24 雖說「營收不會小於0」，但形式上會有例外。出版業會在「出貨」時認列營收，「退貨」時認列營收減項。因此有些月分可能會出現「負營收」。

百分比和點的區別

　　A公司開會時，有一份報告的內容是「競爭對手Y公司去年的市占率是20%，今年好像**成長了5%**。」A公司部長聽到這份報告，是否能正確理解「Y公司市占率變成幾%了」呢？這一點與其說是**統計學，更應該說是正確處理（傳達）資料的心得、常識了**。

▶ **20%成長5%的意思是？**

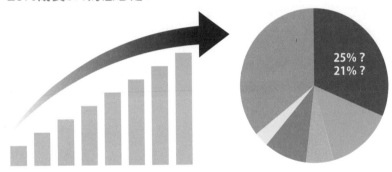

▷ 增加部分用％表示乃是錯誤的溫床

| 加法想法 | 乘法想法 |

加法想法

5%

20% 20%

20%＋5%＝
成長到25%……。

這樣想對嗎？

乘法想法

1%

20% 20%

以20%為基礎，
「成長它的5%」，
所以是成長
20×0.05＝1%……。

這樣想對嗎？

嗯……無論如何，只要用％來表示，就是出錯的根源。有沒有不招致誤解的說法啊？

切換成點數的想法

↓

考慮實際的差異，稱之為 **「點」** 。

▷ 「點」的使用方法

● 失業率由3%增加到3.35%時，就說「失業率增加0.35點」。

● 大聯盟五萬場比賽的調查結果顯示，主場勝率為53.9%，但向東移動2小時以上就會減少3.5點，喪失主場優勢。

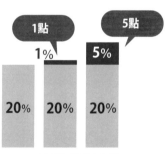

1點

1%

5點

5%

20% 20% 20%

「就是想用％」的人，像❷一樣把前後的數字寫清楚，就不會被誤解了。

▷ 以下二種方法就能正確傳達

❶ **Y公司的市場率比去年成長5點**

❷ **Y公司去年的市占率為20%，今年為25%，成長5%。**

6 難以啟齒的「圓餅圖的禁忌」

圓餅圖、長條圖、折線圖等一般圖形，也有使用的規則和禁忌。這些雖然和統計學也沒有直接關係，但一不小心用錯，可能會讓人對你的商業素養起疑。而且也可能傳遞錯誤的語感。這裡用圓餅圖來做個確認吧。

▶ 複選題用圓餅圖？

圓餅圖很適合用來表示比率（Share）[25]。所以商業實務中很常看到圓餅圖的身影，可是卻也常看到「用圓餅圖整理複選題答案」的錯誤。所謂的**複選**題，指的就是以下的問卷形式。

■複選題不能用圓餅圖

希望小孩學的才藝
（詢問100位父母。複選）

①英語	45人	(45%)
②游泳	32人	(32%)
③鋼琴	27人	(27%)
④書法	16人	(16%)
⑤繪畫	15人	(15%)
⑥體操	10人	(10%)
⑦電腦	5人	(5%)

n=100

可以選擇二個以上的答案，就是「複選」喵。

寫在下面小小的「n」就是回答數，喵。

上面的問卷題目是「希望小孩學的才藝」，可以「複選」，表示不是只能選一個答案，而是可以圈選很多個。因此回答率加總後會超過100％（除以回答總人數100人後）。這樣無法直接畫成圓餅圖。

---

[25] 反之，圓餅圖則有不能表示「大小」、「時間經過」等缺點。

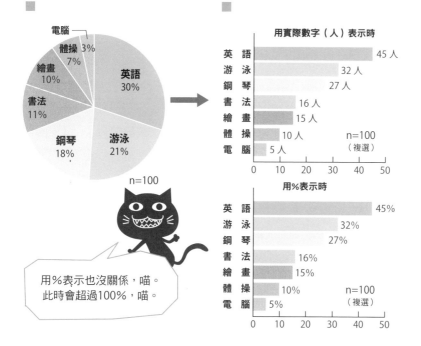

用實際數字（人）表示時

英　語	45 人
游　泳	32 人
鋼　琴	27 人
書　法	16 人
繪　畫	15 人
體　操	10 人
電　腦	5 人

n=100（複選）

用%表示時

英　語	45%
游　泳	32%
鋼　琴	27%
書　法	16%
繪　畫	15%
體　操	10%
電　腦	5%

n=100（複選）

用%表示也沒關係，喵。
此時會超過100%，喵。

　　苦肉之計就是把回答數除以總回答數（150），算出比率，然後畫成圓餅圖，如左上所示。

　　看到這裡，你可能很高興「圓餅圖畫好了！」可是看看圓餅圖中的數字，你覺得如何呢？問卷結果英語是45％，可是完成後的圓餅圖卻只占了30％的空間。不除以100而是除以150，的確可以畫出圓餅圖的樣子，但並未反映實際狀況。

　　此時就不要用圓餅圖，而改用長條圖處理。右上圖是橫的長條圖，當然也可以用直的長條圖。此時可以用件數（人數、個數等）來表示，用％（比率）來表示也無妨。如果畫出以％表示的長條圖，合計會超過100％。

　　另外也要在長條圖的欄位外標示為「複選」。還有不論是圓餅圖或長條圖，都請不要忘記標示回答數（實際回答這個問題的答案數）「n＝100

（人）」（n表示number）。n並非問卷寄發數量或收回數量，而是實際「回答」這個問題的答案數量。

▶ 最好不要用3D圓餅圖

圓餅圖係根據比率來繪製，當要求正確性時，最好避免將圓餅圖繪成立體的「3D圓餅圖」。因為立體化後很容易出現「比率的變形」，以下的圓餅圖就是很好的例子。

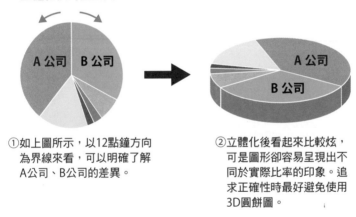

■立體化後的圓餅圖是誤導的根源

①如上圖所示，以12點鐘方向為界線來看，可以明確了解A公司、B公司的差異。

②立體化後看起來比較炫，可是圖形卻容易呈現出不同於實際比率的印象。追求正確性時最好避免使用3D圓餅圖。

特別是業界市占率不相上下時要特別小心。3D圖形如右上圖所示，有時看起來大小會和實際相反。為求簡報效果而想用看起來比較炫的3D圖形，這種心情我能理解，但如果讓對方感覺到圖形變形，可能會讓人有「這家公司試圖模糊市占率，不值得信賴」的想法，可能招致反效果。

▶ 發現圓餅圖加總後不是100％時的處理方法

　　繪製圓餅圖時常有人問我，「合計變成１００.２％了」、「合計只有９９.８％」此時該如何處理？其實不會剛好是１００％，是因為四捨五入的誤差累積的結果。此時常用的解決方法，就是「用比率最大的項目吸收誤差（因為影響最小）」。

　　當然表中或圖上要寫上數字時，要寫正確的數值。如果想加「註」，就在欄外補充說明「因為四捨五入，合計不是剛好為１００％」即可。

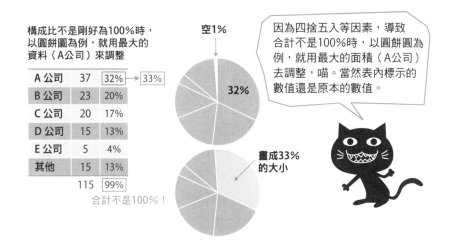

構成比不是剛好為100％時，以圓餅圖為例，就用最大的資料（A公司）來調整

A 公司	37	32%	→33%
B 公司	23	20%
C 公司	20	17%
D 公司	15	13%
E 公司	5	4%
其他	15	13%
	115	99%

合計不是100％！

空1%

32%

因為四捨五入等因素，導致合計不是100％時，以圓餅圖為例，就用最大的面積（A公司）去調整，喵。當然表內標示的數值還是原本的數值。

畫成33%的大小

▶ 避免用圓餅圖

　　在企業簡報場合常看得到圓餅圖的身影。可是圓餅圖既不能表示大小對比，也無法看出隨著時間經過會如何變化，還容易有人為操作。因此科學論文中不會使用圓餅圖。

　　即使是在必須展現自家產品優勢的商業場合，我想避免多用圓餅圖，應該也是比較聰明的做法。

南丁格爾「極座標圓餅圖」

說到圓餅圖，雖然可以表示比率（Share），卻無法表示實際大小，也無法表示經時變化。可是卻有一個人用他的巧思，打造出同時考慮到時間推移和面積差異的圓餅圖。這個人就是英國的南丁格爾（Florence Nightingale，1820～1910）。

說到南丁格爾，大多數人腦海中都會浮現「白衣天使」的形象，其實她曾經改善不衛生的醫院設施，收集相關資料，利用統計學的研究手法，從衛生的觀點，對社會留下諸多貢獻。

右下圖就是南丁格爾打造出來的「**極座標圓餅圖**」，與其說它是圓餅圖，不如說更為接近長條圖。看看「極座標圓餅圖」，可以發現這張表將圓心角分成十二等分，每一等分30度角，以順時鐘方向旋轉，表示每個月的變化（一張圓餅圖剛好是一年分），而扇形的大小（半徑）則表示死亡士兵數（實際的刻度是半徑，可是卻會被看成是面積，不夠精確）。

這張圖內側黑色的部分，表示在戰場上因槍擊等直接死亡的士兵數，外側淺色部分則表示因為醫院等衛生設施不佳而死亡的士兵數（淺藍色部分為「其他」原因死亡士兵數）。也就是一張用來強調「醫院內不衛生的設備帶來的感染等造成的死亡人數，遠比死在戰場上的人為多」的圖表。

南丁格爾從小就對數學有濃厚的興趣，特別崇拜「統計學之父」阿道夫・凱特勒（Adolphe Quetelet，比利時人，1796～1874，BMI指數發明人），跟著家庭教師努力學習數學、統計學，也極為關心各國醫療設施的實際狀況。

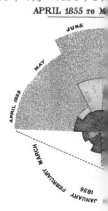

1855年4月～1856年3月
APRIL 1855 TO M

JUNE
MAY
APRIL 1855
MARCH
FEBRUARY
JANUARY
1856

The Areas of the blue, re_
the centre as the comme
The blue wedges measured
for area the deaths from
red wedges measured f
black wedges measured
The black line across the r_
of the deaths from all ot_
In October 1854, & April 1_
in January & Februar
The entire areas may be c_
black lines enclosing the

當時土耳其和俄羅斯在克里米亞半島打仗（克里米亞戰爭，1853～1856），英法是土耳其的盟友。因此英國政府派遣熟知各國醫療狀況的南丁格爾，帶領護士團前往戰地。她在野戰醫院中也不疏忽夜間巡房工作，被稱為「提燈天使」、「白夜天使」。

　　她的功績在於改善野戰醫院內的衛生狀況，大幅降低傷病兵的死亡率，如前所述。而且她更以「數字」掌握到一個事實，也就是英國官兵在不衛生的野戰醫院環境中，死於感染症的人數，遠多於在戰場上被槍炮打死的人數。她利用各種機會，致力於教育、推廣維持醫院和住宅衛生狀態的具體方法[*26]。

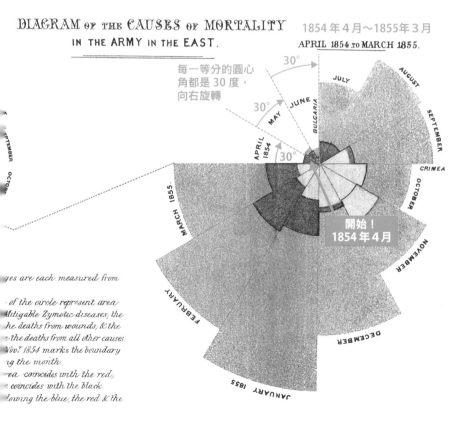

再者，南丁格爾還把克里米亞戰爭的死因分析寫成報告，為了讓不懂統計學的國會議員和政府官僚更容易了解，還發明了「極座標圓餅圖」，**將無趣死板的數字「視覺化」**，以當時十分先進的手法進行簡報說明。之後她還出席國際統計會議（1860年），建議統一原本各國各自為政的統計調查形式、統計方法等，並獲得通過採納。

　　這些行動之所以成真，是因為南丁格爾本人實際走訪各國醫院設施，熟知實際狀況，還有在野戰醫院的親身經驗。當然最重要的**背後支柱，則是她豐富的統計學知識**。

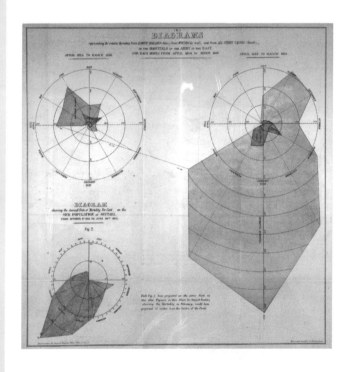

＊26　《南丁格爾著作集》（第1卷～第3卷／現代社）收錄南丁格爾對於護理和衛生的想法，如女性在陸軍醫院的護理、護理師訓練和病人護理、貧窮病人的護理、駐德陸軍的衛生等，以及具體的記錄。

第3章

先理解「平均數、變異數」！

學習統計學的初步目標，應該就是「平均數、變異數、標準差」了吧。不過變異數和標準差其實原本一點兒也不難。突破這些後就可以進入「常態分配」。第一章已經粗略說明過了，請將本章當成進階版來閱讀。

「平均數」是代表值中的代表？

與其看所有資料，不如看幾個代表性資料，更能快速掌握「全貌」，也容易進行年度比較、和其他公司比較等。本章要說明代表值的大概內容。

　　A公司每到發放冬夏獎金前，工會就會親交一張要求書給經營團隊，如下所示。要求書中除了「要求金額」外，還會提供工會會員的問卷調查結果，標出「平均數、中位數、最大值和最小值、眾數」五種資料。

> 工會提交公司的要求書
> 要求金額＜55萬日圓＞
>
> 工會會員的調查結果
> ・平均數　54萬2,700日圓
> ・中位數　53萬日圓
> ・眾數　　50萬日圓
> ・最大值　80萬日圓
> ・最小值　37萬日圓

　　要求書之所以寫上工會會員意見的平均數、中位數、眾數等資料，是為了表示「這個要求數字反映了多數工會會員的意見」。30位工會會員的回答金額如下所示。

	A	B	C	D	E	F
1	430,000	670,000	470,000	平均（數）	=AVERAGE(A6:C15)	542,700
2	370,000	500,000	500,000	中位數	=MEDIAN(A6:C15)	530,000
3	620,000	600,000	480,000	眾數	=MODE(A6:C15)	500,000
4	580,000	560,000	520,000	最大值	=MAX(A6:C15)	800,000
5	476,000	560,000	500,000	最小值	=MIN(A6:C15)	370,000
6	800,000	580,000	443,000			
7	665,000	550,000	500,000			
8	570,000	600,000	467,000			
9	480,000	540,000	480,000			
10	720,000	550,000	500,000			
11						

▶ 與其看全部資料，不如看「代表值」

不過30人的回答金額，如果像第一章所述，只是把數字一字排開，反而看不出整體趨勢。要求金額比上一次多嗎？和二年前相比又如何？好像很難說「看所有資料最好」。

因此第一章也曾經提到，**用一筆資料來表示全體資料的特徵，這種方便的資料就稱為「代表值」**。代表值是相當於「全體的中央」，也就是「一般數值」的資料，有幾個選項。統計學的代表值就是以下三種：

平均數（Average）、**中位數**（Median）、**眾數**（Mode）

▶ 平均數就是「重心」，而且「均勻鋪平」

首先最具代表性的代表值應該就是「平均數」了。平均數也分成好幾種，例如算術平均數（相加平均數）、加權平均數、調和平均數、幾何平均數等。「工會要求書」中寫著平均數為54萬2,700日圓，如果沒有特別說明，這裡的「平均數」指的就是算數平均數（相加平均數）。

對平均數來說，最大的死穴就是**異常值**。接著要讓大家實際體會一下異常值的影響力。

假設現在有以下11筆資料。

2、3、4、4、5、5、5、6、6、7、8……①

要算出平均數，只要用「合計 ÷ 資料數」，也就是加總「所有資料」，再除以資料數11即可。計算如下。

$$\frac{2+3+4+4+5+5+5+6+6+7+8}{11}=5$$

此平均數的意義如下圖所示，「**平均數就是全體資料的重心位置**」。

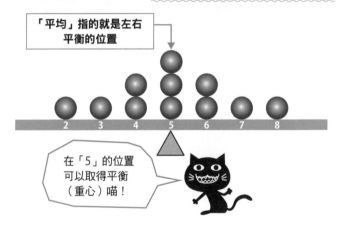

▶ 極易受異常值左右的平均數

其次把①的11筆資料中，最後二個數值（7和8）改一下，就是以下②的資料。

2、3、4、4、5、5、5、6、6、**18、30**……②

這裡把原本的「7、8」，用極大的數值「18、30」取代。和①一樣計算11筆資料的平均數，平均數就不再是5，會變成8（平均數變成1.6倍）。

$$\frac{2+3+4+4+5+5+5+6+6+18+30}{11} = \frac{88}{11} = 8$$

一樣把此平均數8，用前面的天秤圖來表示，的確在平均數8左右可以取得平衡。可是如此一來，11筆資料中有9筆資料都「小於平均數」，天秤看起來很不自然。

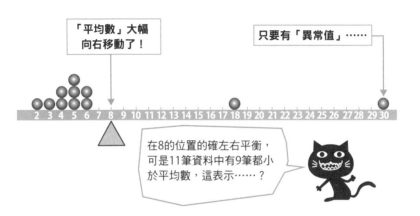

這是因為最後二筆資料超乎尋常地大，也就是俗稱的「**異常值**」所造成的影響。異常值讓「平均數」變大了。由此可知**平均數非常容易受到異常值影響**。這是因為「平均數是全體的重心（會受到大數值的影響）」。

▶ 如果不能理解重心的位置……

雖說「平均數就是重心」，但看看上圖，有時也很難看出是否真的左右平衡了。

此時可以用下一頁的圖來看。上下凹凸的部分，傳達出「均勻攤平（互補）」的概念。即使有異常值，如果用這種圖來表示，就可以實際體會到截長補短的作用。

事實上後面提到「變異數」或「標準差」時，用這種上下「均勻攤平」的圖來表示，也更有助於理解「離差」的概念。

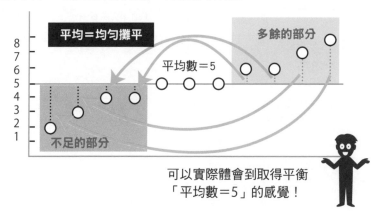

可以實際體會到取得平衡
「平均數＝5」的感覺！

最不受異常值影響的「中位數」

第二種代表值就是「中位數」。比起平均數，中位數不易受到異常值影響，被當成是「堅固耐用的代表值」。為什麼說中位數「堅固耐用」呢？

所謂「**中位數**」，指的就是把資料由小排到大（或由大排到小）時，位於「正中央」的數值。因此即使有極端大的數值（或極端小的數值），也就是「異常值」存在，也不會像平均數一樣大為改變。從這個角度來看，中位數才會被稱為「堅固耐用的（Robust）代表值」。

▶ 證明中位數有多麼堅固耐用

中位數真的幾乎不會受異常值影響嗎？我們用上一節的資料①和②來檢查一下（藍色部分為兩者不同的數值）。

2、3、4、4、5、5、5、6、6、7、8……①

2、3、4、4、5、5、5、6、6、18、30……②

①和②都有11筆資料。把資料由小排到大找出「正中央」的資料，結果①和②都是「第6個」資料，一樣是「5」。如果是平均數，資料②會明顯受到18、30的異常值影響，但中位數完全不受影響，十分堅固耐用。

▶ 奇數筆資料、偶數筆資料

如果資料是奇數筆（如左下例），那麼位於「正中央的資料」只有一個，那一個數值就是中位數。可是當有偶數筆資料時（右下），正中央會有二個數值。此時就取這二個數值的平均數，做為「中位數」。以下例來說就是 $(4+5) \div 2 = 4.5$。

本章最後的專欄也會提到，中位數會用在天氣預報中的「和往年一樣」的狀況中，據說汽車的油耗性能，也是用量測到的行駛阻力值的中位數來表示。

3 資料最多的「眾數」

第三種代表值是「眾數」。以班級投票來說，指的就是得到最多票數的最受歡迎同學，也稱為Mode、流行值等。眾數聽起來很容易懂，但其實是有點麻煩的代表值。

「**眾數**」指的是將資料分成幾個等級時（稱為「組」→第四章），次數最多的等級。但資料數量未達一定程度以上時，談眾數幾乎沒有任何意義。

舉例來說，這裡有A～E五個商品（ABCDE各為5萬、4萬、3萬、2萬、1萬日圓），然後只找5個人來投票選出最受歡迎的商品，結果A得到2票是最高票（也就是眾數）。根據這個投票結果，應該很難做出「消費者越來越喜歡高級品」的結論吧。

A：2票　B：0票　C：1票　D：1票　E：1票

在這種狀態下即使再找2個人參加投票，結果E得到這2票，難道就可以說「消費者傾向選擇便宜的商品」嗎？

上述質化資料（名義尺度、順序尺度）中，次數最多的項目（以上例來說就是A、E）就是眾數。

以量化資料來說，非連續資料（離散資料）的眾數一樣是次數最多的項目。例如本章第一節的工會要求書中，眾數為50萬日圓（受人類心理影響的案例中，常會是剛剛好的整數）。可是如果是連續資料，就要用分好等級後的次數來看。

分等級時分界線畫在哪裡，會影響眾數的等級。

因此很多人會覺得眾數不過是「最多的資料」，看起來很簡單，可是要考慮到資料數量、如何畫分等級等，有時處理起來並不容易。下一節的專欄將介紹一個眾數的利用方法。

被用來解讀密碼的「眾數」

這裡我先跳脫正題，用專欄的形式來談談眾數。

▶ 密碼棒、凱撒密碼

統計學中「**眾數**」在人類史上，扮演著重要的角色。在密碼的領域中，a～z這26個英文字母中，最常出現的是「e」，其次是「t」。而根據這些字母出現頻率分析文書，就是所謂的「**頻率分析**」。歷史上解讀密碼時就曾用過頻率分析。

第三者要解讀密碼，就必須知道以下兩者：①加密手法（演算法），②密鑰。

古希臘人將密碼文捲在密碼棒上，對方只要有相同的密碼棒，把密碼文捲上去即可解讀密碼。之後羅馬的凱撒大帝使用「凱撒密碼」，也就是將明文的每個字母向後移動三個字母，寫出密文。例如如果收到的密文是「L ZRQ」，就把每個字母向前移動三個字母，即可解讀出內容為「I WON」（我獲勝了）。

然而只要知道「移動字母」這個加密手法（演算法），之後只要掌握密

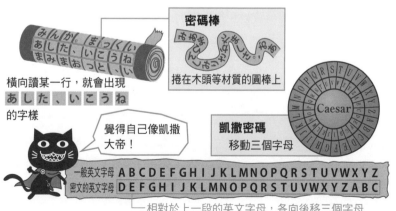

橫向讀某一行，就會出現
あした、いこうね
的字樣

覺得自己像凱撒大帝！

密碼棒
捲在木頭等材質的圓棒上

凱撒密碼
移動三個字母

一般英文字母 A B C D E F G H I J K L M N O P Q R S T U V W X Y Z
密文的英文字母 D E F G H I J K L M N O P Q R S T U V W X Y Z A B C

└─ 相對於上一段的英文字母，各向後移三個字母

鑰，亦即「移動幾個字母」，就可以輕輕鬆鬆解讀凱撒密碼。此時雖然字母有26種移動方法，但移動26個字母其實就等於沒有移動，所以事實上只有25種移動方法（25種密鑰）。

另外電影《2001太空漫遊》中的電腦HAL，也有人認為它的名稱是凱撒密碼的活用，意在「諷刺IBM」[*27]。

▶ 以福爾摩斯的頻率分析來解讀密碼

換個角度來看，如果演算法不是移動每個字母，而是每一個字母都用其他字母替換的話，解讀密碼的難度就變得很高。例如每個字母沒有一定的替換規則，而是按下表替換的話，會發生什麼事？

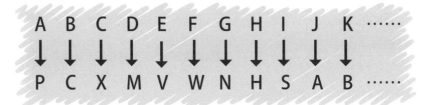

即使取得的密碼只有四個字母，第一個字母可能是26個字母中的任一個字母，第二個字母則可能是剩下的25個字母中的其中一個，第三個字母有24種可能，第四個字母有23種可能，於是這四個字母的組合就有

$$26 \times 25 \times 24 \times 23 = 358,800$$

這麼多種可能性，自然需要花費龐大的時間才能解讀。

[*27] 有關HAL（Heuristically programmed Algorithmic computer）的名稱，有一種根深蒂固的說法是「將IBM的公司名稱三個字母，各向前移動一個字母所形成」（I→H、B→A、M→L），意即內含「領先IBM一步的電腦」的意義。不過導演史丹利・庫柏力克和編劇亞瑟・查理斯・克拉克都否定這種說法（可能是顧慮到IBM？），甚至在《2001太空漫遊》中還讓小說角色Chandra博士反駁這種說法。可是後來聽說IBM其實蠻喜歡這種說法，於是在《3001太空漫遊》的後記中提到，「今後不再試圖糾正這種錯誤的說法」。他的說法雖然迂迴，卻被認為是他的告白：「其實原本就是這樣命名的啦」。

在福爾摩斯探案的短篇故事《跳舞的人（The Adventure of the Dancing Men）》中，犯人留下以下圖畫。

福爾摩斯認為「一個小人對應一個字母（只要替換成字母即可）」。於是他活用了「**英文中最常出現的字母，依序為 e、t、a**」的頻率分析。

$$e＝12～13\%、t＝9\%、a＝8\%……$$

不過字母的使用頻率，會因為寫的人、領域、時代、語言等，而有些許差異。下表為我整理出的結果，這是《福爾摩斯辦案記（The Adventures of Sherlock Holmes）》的12個故事中每個字母的出現頻率。

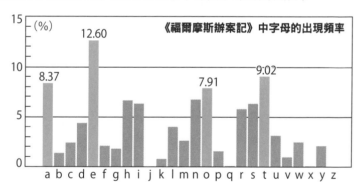

▶ 要隱藏「解碼」也要用統計學？

二次大戰中德國的 **Enigma 密碼**，被認為是「絕對不可能解讀」的密碼。這是讓前線的軍隊用專用密碼機，編出 1.59×10^{20} 種密鑰，而且每天更改密鑰的加密方法。

當時英國數學家艾倫·圖靈[*28]等人大展身手，根據頻率分析和各種線索，成功解讀 Enigma 密碼。

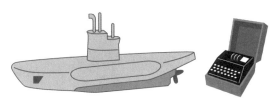

Enigma密碼不只一種。據說其中最難解
讀的是德國潛艇U-110上搭載的密碼機。

其實解碼後盟軍也應用了統計學的知識，只不過是朝著製造悲劇的方向應用。也就是為了不讓納粹發現英國已經成功解讀密碼，故意做出錯誤決策。

如果盟軍能事先攔截納粹的作戰計畫，固然可以讓盟軍的損害降至最低，給予納粹致命的打擊，可是這麼一來，納粹軍就會發現「Enigma密碼被破解了」，而立刻改變演算法，解碼工作就必須重頭再來⋯⋯。

因此盟軍採用了冷酷無情的戰略，也就是有時會出擊迎戰，有時不會（也就是眼睜睜地看著盟軍船艦被擊沈）。此時哪些戰役要派出援軍、哪些不派，或者是什麼樣的迎戰機率，可以讓納粹以為「Enigma密碼沒被破解，同盟國軍隊不過是碰巧（偶然）在場而已」⋯⋯盟軍用統計學的機率概念，選擇迎戰頻率等。騙人的一方和被騙的一方，都充分運用了統計學的知識。

圖靈也是眾所周知的人工智慧（AI）之父。人工智慧的判斷基準，就是對藏身在布幕後的真人或機械提出幾個問題，根據回答來判斷幕後是真人還是機械。如果無法區分，就認同該機械為「人工智慧」。這就是目前人工智慧領域中所謂的「**圖靈測試**」。

＊28　圖靈等人成功解讀Enigma密碼的事實，英國政府在戰後仍保密了五十年以上。而解碼的過程則被詳細記載在《碼書：編碼與解碼的戰爭（The Code Book）》（賽門・辛，臺灣商務出版社）中。如果想知道大致內容，也可以參考由班奈迪克・康柏拜區主演的電影《模仿遊戲（The Imitation Game）》（2014年上映／DVD由甲上娛樂發行），即可了解當時情勢有多緊張（但內容很少提到統計學）。

平均數、中位數、眾數三者的位置關係？

平均數、中位數、眾數都是資料的代表值，但這三個代表值並不一定是相同數值。不同的資料分配形態，三個代表值的位置關係如何變化？用圖表來說明更能留下印象。

▶ 就算不一致，排列方法也有規則可循

當資料分配如下圖所示，為左右對稱的分配圖形（常態分配等）時，平均數、中位數、眾數這三個代表值幾乎都會是相同數值。此時一般會以平均數為代表值。

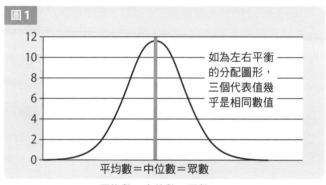

圖1

如為左右平衡的分配圖形，三個代表值幾乎是相同數值

平均數＝中位數＝眾數

平均數＝中位數＝眾數

為什麼用平均數做為代表值比較方便？這是因為平均數和「變異數」（和標準差同義）很合。下一章「常態分配」會說明二者的關係。

然而如果資料集合的分配如下一頁所示，平均數、中位數、眾數就不一定是相同數值了。平均數變化劇烈。原因如前所述，是因為平均數很容易受到異常值影響。看過這三個案例後，可以再次確認到中位數通常都位於「正中央」（不易受異常值左右）。

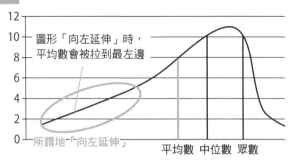

圖2

圖形「向左延伸」時，
平均數會被拉到最左邊

所謂地「向左延伸」

平均數　中位數　眾數

平均數＜中位數＜眾數

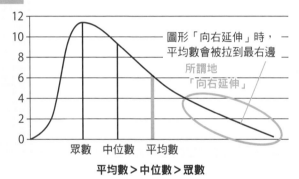

圖3

圖形「向右延伸」時，
平均數會被拉到最右邊

所謂地
「向右延伸」

眾數　中位數　平均數

平均數＞中位數＞眾數

▶ **用存款餘額來掌握三種代表值的印象**

　　如果想用具體事例來看平均數、中位數、眾數，下一頁的圖表最為合適（目前存款餘額：總務省）。這張圖表偶爾也會被統計學的解說書用來做為「代表值不一致（平均數比實際大）」的範例，或許有些讀者早已看過。

　　看看這張圖表，每戶存款餘額（2016年）為「平均1,820萬日圓」。很多人因此擔心「我家有1,820萬日圓的存款嗎？」其實這個數值很難說是充分反映現實的結果（事實上2/3以上的家庭存款都低於這個平均數）。

而「中位數為1,064萬日圓」，大約是平均數1,820萬日圓的58%，幾乎只有一半。再用圖形來判斷眾數，看起來是未滿100萬日圓，和平均數金額有很大的差異。

這個平均數的奧祕就像上一頁的圖1～圖3所示。**平均數、中位數、眾數幾乎一致，僅限於分配圖形左右對稱時。**如果圖形偏向一邊（向左或向右延伸）時，平均數就會受到異常值影響，大幅偏離。

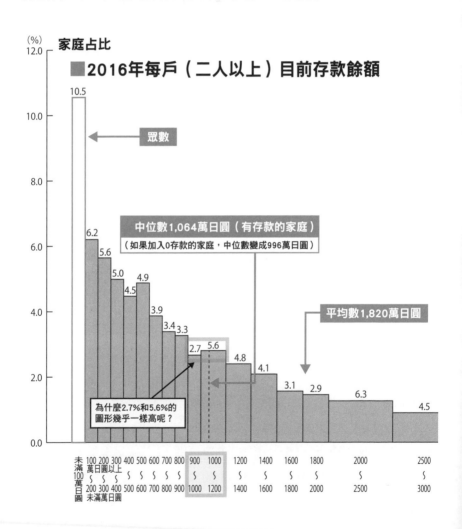

下圖的異常值可以想成是向右下延伸的「4,000萬日圓以上」的富有階層（圖中用波浪線截斷，不然原本應該更長）。統計學書籍中之所以說「這是存款多的人（異常值）牽動全體平均數，而產生的現象」，原因就在這裡。

　　此外這張圖是**長方形的面積可表示大小的直方圖**。因此如果分類（橫軸）變成2倍，就算％相同，高度也會只剩一半。900萬日圓～1,000萬日圓的階層為2.7％，旁邊1,000萬日圓～1,200萬日圓的階層為5.6％，但高度卻幾乎相同，就是因為寬度變成二倍，所以5.6％變成一半（2.8％）了。

總務省家計調查報告（2017年5月快報）

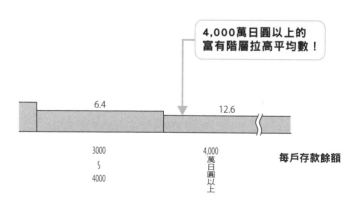

4,000萬日圓以上的富有階層拉高平均數！

6.4　　　　12.6

3000 ～ 4000　　　4,000萬日圓以上　　　**每戶存款餘額**

5 代表離散程度的「四分位數、箱形圖」

代表值是用來了解全體資料特性的重要指標，但卻不能只靠代表值去掌握資料的特性。因為資料一定會有離散，這也表示了資料的特徵。因此代表值和離散程度這二者，可說是了解全體資料的最佳拍擋。

種菜的人一定知道，就算是品種相同、同時期種出來的蔬菜，大小形狀也會有差異。取平均數就可以根據平均重量來判斷蔬菜偏大（偏重）或偏小（偏輕）。這是自然的狀態。另一方面，工廠量產的同質產品看起來完全按部就班地生產，但這種工業產品也會逐漸出現些許偏差。

所以量測平均數和各資料之間的差異（離差），有助於事先掌握工廠機械的問題，發現大問題的預兆等（品質管理）。

然而以下三張圖表中的資料，平均數都相同，但怎麼看都不是相同的資料分配。

乍看之下離散程度①的每筆資料和平均數的差異都很小，是良好的狀

■平均數相同，離散程度不同

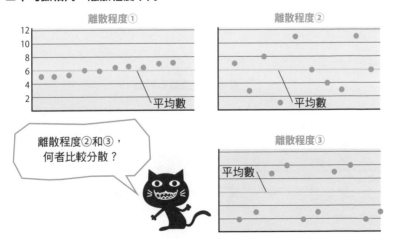

離散程度①

離散程度②

平均數

離散程度②和③，何者比較分散？

離散程度③

平均數

態。②則有差異大的的資料和差異小的資料，頗為分散。③也一樣，但看來好像有某種規律可循。

由此可見，即使平均數相同，但如果不看離散程度就不能理解原始資料的性質。

▶ 「最大值、最小值」與四分位數，和中位數成套

第三章第一節的「工會要求書」中載明「最大值、最小值」。這顯示出全體資料的範圍。統計學將最大值到最小值之間的距離稱為「**全距（Range）**」。

然後試著把資料分成四等分。就是所謂的「**四分位數**（或四分位點）」。

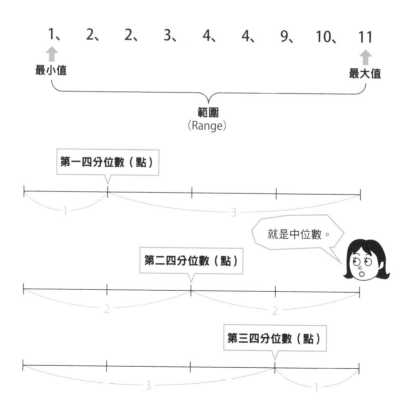

首先由資料的最小值到四分之一的位置（25％），這個位置的資料就是「**第1四分位數**」，到四分之二的位置就是「**第2四分位數**」（也就是中位數），到四分之三的位置就是「**第3四分位數**」。把全體資料分成四等分。

用圖表來看這些數值的關係，如下所示。區分成四等分，直覺也很容易了解，可說是易懂的指標。而第1四分位數到第3四分位數之間的距離，就稱為「**四分位距**」，如同第一章的說明。

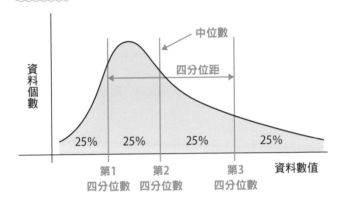

第二章曾經提到「四種資料的尺度」，也提到質化資料（名義尺度、順序尺度）無法計算平均數。此時如果是有固定大小順序的順序尺度資料，就可以找出中位數和四分位數。要把這些數據化為圖表，「**箱形圖**」就是有效的做法。

如下一頁圖所示，將最大值、最小值放在箱形圖的左右，畫成「鬍鬚」的樣子。長方形的箱子左邊為第1四分位數（點），右邊為第3四分位數（點），正中央拉出的線條為第2四分位數（點），如前所述這個數值也就是中位數。

因此處理順序尺度時，可以利用這種箱形圖，資料的離散程度就會一目瞭然。

這些資訊如果按照組別排列，就可以進行組間比較，按照時間排列，則可以確認商品價格的波動、一日的價格波動幅度等。

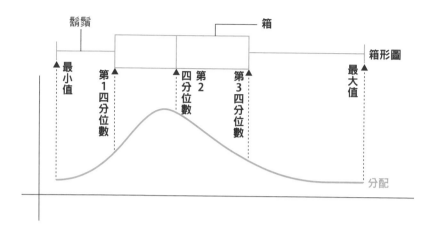

另外，用來表示股價的K線圖和箱形圖很類似。形狀雖然相似，但K線圖的長方形邊線並不表示第1四分位數、第3四分位數，所以並不完全相同。

6 由平均數到變異數

上一節介紹了箱形圖，用來看資料的離散程度。其中用到「最大值〜最小值」（範圍），還有四分位數（四分位距）等。而用平均數來看離散程度時，用的就是「變異數」。變異數是統計學中極為重要的指標。

▶ 把離差全加總看看？

「**變異數**」被用來顯示離散程度。在此僅介紹變異數的基本原理，下一節再介紹具體的計算方式。

前面圖1到圖3（P94〜P95）的三種離散資料，雖然碰巧有相同的平均數，但用圖形表示就可以清楚瞭解這些資料的差異。

然而即使看圖可以「一目瞭然」有差異，但光看圖也不知道「差異程度」。而且光看圖有時候無法明確辨別哪一種資料的差異比較大。

如果可以用某種「數值」來說明離散程度，那該有多好啊！而且一定也更有說服力。

用數值來表示，首先想到的方法就是求「各筆資料和平均數的差異」，然後全部加總在一起。

平均數和各資料的差異稱為「<u>離差</u>」，用來表示各筆資料距離平均數多遠，也就是差異的程度。

$$離差＝（各筆）資料 － 平均數^{*29}$$

把各筆資料的離差全部加總（總和），應該就可以達到用數值表示的目的，此時數值的大小程度就可以用來表示「資料的離散程度」吧。

■ 要把10筆資料的「離散程度」化為數值

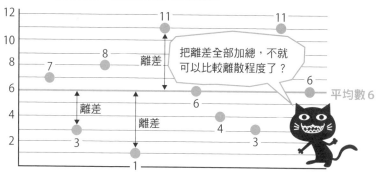

可惜天不從人願。加總之後總和會變成0。因為所謂的「平均數」原就是各資料取得平衡的數值，所以把各資料的離差全部加總後，正負互相抵銷，就變成0了。

▶ 真的「離差和＝0」嗎？

說是這樣說，有些人可能不會相信吧。所以我用上圖中的10筆資料來證明這一點。資料數值如下。

　　7，3，8，1，11，6，4，3，11，6　　　　（合計10筆）

計算平均數如下。

$$平均數 = \frac{(7+3+8+1+11+6+4+3+11+6)}{10} = 6$$

接著求各筆資料的「離差」。離差就是「（各筆）資料－平均數」。平均數＝6，所以

　　7－6＝1

　　3－6＝－3

＊29　當然用「（平均數）－（各資料）」來計算離差，也可以得到一樣的結果。

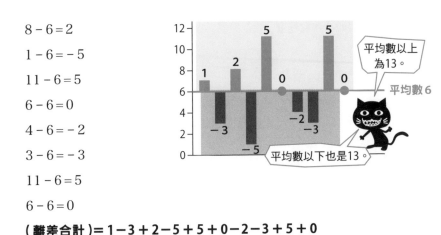

$$8 - 6 = 2$$
$$1 - 6 = -5$$
$$11 - 6 = 5$$
$$6 - 6 = 0$$
$$4 - 6 = -2$$
$$3 - 6 = -3$$
$$11 - 6 = 5$$
$$6 - 6 = 0$$

（**離差合計**）$= 1 - 3 + 2 - 5 + 5 + 0 - 2 - 3 + 5 + 0$
$\qquad\qquad\ = 0$

如上所示，「離差合計＝0」，好不容易想到這個點子，卻發現不能只是單純地加總各筆資料的離差。

▶ **那算出「平均離差」呢？**

即使把各筆資料和平均數的差異，也就是「離差」全部相加，總和也會變成「0」。可是應該還有其他方法才是。比方說取絕對值呢？

看上圖可知，加總時因為有比平均數大和小的數值，所以加總結果才會變成「0」。如果把和平均數之間的差當成是「距離（正數）」，然後加總，應該就不會變成「0」了。

也就是說和平均數之間的差為負數時，取絕對值讓差變成正數再計算。這麼一來應該可以成為衡量資料離散程度的良好指標。這就稱為「**平均離差**」，具體計算方法如下所示。

$$平均離差 = \frac{|7\text{-}6| + |3\text{-}6| + |8\text{-}6| + \cdots\cdots + |3\text{-}6| + |11\text{-}6| + |6\text{-}6|}{10} = 2.6$$

利用平均離差，結果就不會變成「0」。計算很簡單，想法也很單純。首先這就是「『和平均數之間的差異』的平均數」，巧妙地表示和平均數之

間離散的程度（距離）。這個概念很容易了解。

然而遺憾的是統計學中幾乎不曾用過平均離差。一般認為原因是「大家不喜歡取絕對值計算」、「數學上很難處理」等。

不過上述這些原因其實都不是最主要的原因。最主要的原因，我想應該是「**使用常態分配表時，標準差（變異數）比較好用**」。

所以接下來我們看看「標準差（或變異數）」。

▶「取平方後相加就不會變成0」的想法＝變異數

接下來想到的是，把離差平方後再加總，然後除以資料數量不就好了嗎？這樣的話就不會正負互相抵銷了。

$$7-6=1 \quad \rightarrow \quad (1)^2=1$$
$$3-6=-3 \quad \rightarrow \quad (-3)^2=9$$
$$8-6=2 \quad \rightarrow \quad (2)^2=4$$
$$1-6=-5 \quad \rightarrow \quad (-5)^2=25$$
$$11-6=5 \quad \rightarrow \quad (5)^2=25$$
$$6-6=0 \quad \rightarrow \quad (0)^2=0$$
$$4-6=-2 \quad \rightarrow \quad (-2)^2=4$$
$$3-6=-3 \quad \rightarrow \quad (-3)^2=9$$
$$11-6=5 \quad \rightarrow \quad (5)^2=25$$
$$6-6=0 \quad \rightarrow \quad (0)^2=0$$

全部都變成正數了！

$$（離差平方合計）＝1＋9＋4＋25＋25＋0＋4＋9＋25＋0$$
$$＝102$$

把這個數值除以資料數量（此例為10），得到的結果就稱為「**變異數**」。被用來當成顯示資料離散程度的指標。

$$變異數＝\frac{（離差平方）合計}{資料數量}＝\frac{102}{10}＝10.2$$

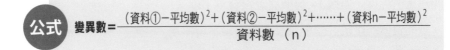

Σ（Sigma）是什麼符號？

本書提到「變異數」的公式如下。

變異數＝$\dfrac{(資料①-平均數)^2+(資料②-平均數)^2+\cdots\cdots+(資料n-平均數)^2}{資料數（n）}$

意思就是「資料①減去平均數，然後再平方。資料②、資料③……都比照辦理，最後全部加總，再除以資料數量。」

許多統計學書籍會以平均數＝m，各筆資料＝x_1、x_2、x_3……x_n，資料數量＝n來表示，所以變異數 V 如下所示。

$$V=\frac{(x_1-m)^2+(x_2-m)^2+(x_3-m)^2+\cdots\cdots+(x_n-m)^2}{n}$$

再者 Σ（Sigma）這個符號有「全部加總」的意思，所以也可以用以下的表示方法，簡化變異數的計算公式。

$$\frac{1}{n}\sum_{i=1}^{n}(x_i-m)^2$$

這些符號和公式其實都代表相同的意思。出現 Σ（Sigma）這個符號時，就表示「計算 Σ（Sigma）以下的部分（上例中即為 $(x_i-m)^2$），重複 n 次後加總」的意思。

不過本書並不打算使用 Σ 符號來計算。

7 用「變異數」來計算離散程度

上一節已經說明過用來表示資料集合離散程度的「變異數」概念，本節要說明實際的計算方法。

▶ 變異數計算熟能生巧

　　接著來練習計算變異數吧。只要實際算一次，不但可以讓自己信心大增，還有助於進一步理解變異數。

　　假設 A 超市、B 超市都有 10 顆高麗菜，而且逐一秤重後，發現平均重量都是 1,200g。可是 A 超市的高麗菜大小比較一致，B 超市的高麗菜很明顯地有大有小。

　　B 超市的 Y 小姐為了改善這個狀況，向店長提出「高麗菜的大小看起來不一致」的意見，結果店長不予理會，還說「只有你看起來是這樣吧？」

　　Y 小姐因此想用**「數值」來表現離散的程度**，而不是只憑「感覺」說話。所以她必須要計算出顯示資料離散程度的「變異數」。好吧，那就來挑戰看看吧！

A超市的 高麗菜重量		B超市的 高麗菜重量
1,202	平均重量都一樣是 1,200g……。 要用數值來表現離 散程度的話？	1,158
1,140		1,350
1,239		1,318
1,181		1,121
1,240		1,202
1,152		1,330
1,228		1,021
1,151		1,081
1,259		1,121
1,208		1,298
1,200g ◀	高麗菜平均重量	▶ **1,200g**

▶ 化為圖形＝可視化，確認問題點！

　　首先試著根據這些資料畫出下圖，二家超市銷售的高麗菜，至少「看起來」差異很明顯。之後只要把離散程度數值化，就可以向店長提出建議。Y小姐好像有了一點自信。

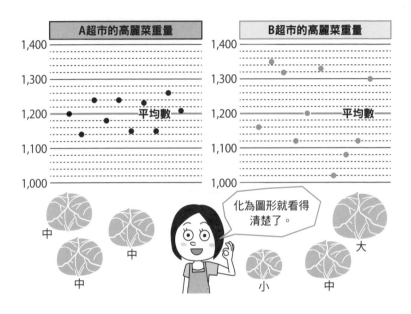

如果是我，我會去買B超市的大顆高麗菜。因為比較便宜啊。

說得也是。可是早去的人可以買到比較便宜的高麗菜，晚去的人就只能買小顆高麗菜了。發現只剩小顆高麗菜時，大概就會選擇去A超市買中等大小的高麗菜吧。也就是B超市的小顆高麗菜會賣不出去。

也是啦。我知道了。那我就來幫Y小姐計算A超市和B超市高麗菜重量的變異數吧。變異數的計算方法是

①（各顆高麗菜的重量）－（平均重量）……結果取平方值
②把所有高麗菜平方後的數值相加
③最後再除以「資料數」，以本例來說就是除以10
這麼一來就可以求出變異數了吧。

那就實際來算算看吧。平方後相加，所以數值會變大。也很容易算錯，我也錯過好幾次啊……。

我來試試。平均重量是1,200g，所以
（1202－1200）^{2}＝（2）^{2}＝4
（1140－1200）^{2}＝（－60）^{2}＝3600
（1239－1200）^{2}＝39^2＝1521
啊，**這樣就不用擔心離差到底是「－」還是「＋」**了。。

是啊，因為取平方，所以一定是正數（或者是0）。因此不一定要堅持用（－60）^{2}＝3600計算，用（60）^{2}＝3600去算也行。所以相減時就用大數減小數即可。

好，那我就繼續算下去。
……。
還算不完耶。只不過要算10筆資料的變異數，竟然這麼麻煩。我受不了了。

我還在想妳什麼時候才會「放棄」呢。統計學的計算「很簡單，但卻很麻煩」。
我想不只是統計學，很多事情都是要親自動手去做、去算了之後，才能學會。也就是都有必須親自領會的部分。不過統計學的計算就像計算變異數的例子一樣，常常都是「相減，然後取平方。相減，然後取平方……」的反覆作業，所以有一定程度的理解後，接下來就借助電腦 的力量吧。我在寫統計學書籍時，一開始也都用手算（電子計算機）。結果區區一行的變異數算式，每次驗算都會出現不同答案……。

對啊，以下就是我用Excel計算的結果。A超市的高麗菜重量變異數為1,612，B超市則為2,338。很明顯地離散程度不一樣。有了這個結果，B超市Y小姐的主張也會被店長認同吧。明明每筆資料和平均數的差異不過100g或200g而已，變異數數值卻變得好大。

	A	B	C	D	E	F
1	平均數	A超市	偏差平方		B超市	偏差平方
2	1,200	1,202	4		1,158	1,764
3		1,140	3,600		1,350	22,500
4		1,239	1,521		1,318	13,924
5		1,181	361		1,121	6,241
6		1,240	1,600		1,202	4
7		1,152	2,304		1,330	16,900
8		1,228	784		1,021	32,041
9		1,151	2,401		1,081	14,161
10		1,259	3,481		1,121	6,241
11		1,208	64		1,298	9,604
12	合計	12,000	16,120		12,000	123,380
13			1,612			12,338

(A超市的變異數)　　　　(B超市的變異數)

B超市的變異數數值竟然高達一萬以上。還好我沒有繼續用手算。

＊30　在此用Excel求變異數，使用與手算相同的步驟。也就是以A超市為例，就是計算（資料－平均數）^{2}，亦即（離差）^{2}的合計（C12儲存格和F12儲存格），再除以資料數（10筆），求出「變異數」（C13儲存格和F13儲存格）。當然Excel中有求變異數的函數，也可以用函數計算。以A超市為例，因為資料在B2～B11的儲存格內，所以用函數「=VAR,P（B2:B11）」也可以求出變異數，但是並不一定要使用函數計算。

8 由「變異數」到「標準差」

大家已經知道「變異數」表示資料離散的程度。只是變異數有二個麻煩的地方，一是前一節提到的①相較於原本的離差數值，變異數數值會變得很大。那麼另一個麻煩的地方又是什麼？

▶ 麻煩1──「變異數」數值會變得太大

說到為什麼需要變異數，其實是「要用數值來看資料離散的程度」。

因此一開始的做法是將「（各筆）資料－平均數」的數值稱為離差，但考慮到「所有離差的和」會正負互相抵銷，然後變成「0」。所以第二個

變異數的麻煩①──數值變得很大

	A	B	C	D	E	F	G	H
1	平均數	A超市	偏差	偏差平方		B超市	偏差	偏差平方
2	1,200	1,202	2	4		1,158	-42	1,764
3		1,140	-60	3,600		1,350	150	22,500
4		1,239	39	1,521		1,318	118	13,924
5		1,181	-19	361		1,121	-79	6,241
6		1,240	40	1,600		1,202	2	4
7		1,152	-48	2,304		1,330	130	16,900
8		1,228	28	784		1,021	-179	32,041
9		1,151	-49	2,401		1,081	-119	14,161
10		1,259	59	3,481		1,121	-79	6,241
11		1,208	8	64		1,298	98	9,604
12	合計	12,000		16,120		12,000		123,380
13				1,612				12,338

變異數是「離差的平方」，所以數值會比實際的「差異」大。A超市的高麗菜和平均數的差異，最大是60，但用變異數來看則是1,612。B超市的最大差異是179，變異數則是12,338，數值極大。

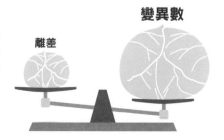

離差　　變異數

做法就是用「離差的平方」來計算「離散程度」，也就是「變異數」的想法。

然而變異數的算法是先求出「（各筆）資料－平均數」，也就是離差，然後再取平方值，所以數值會變得非常大，如同前一節所示。

也就是說變異數麻煩的地方之一，就是數值會比離差大很多。例如A超市的高麗菜重量最大離差不過60，可是變異數卻高達1,612，約27倍。同樣地，B超市最大離差為179，但變異數卻高達12,338，約70倍。

▶ 麻煩2──「變異數」的單位會改變

變異數另一個麻煩的地方就是「單位會改變」……。

 前輩，計算變異數「單位會改變」，這是什麼意思？

很簡單啊。原本是高麗菜的重量，單位是「g」（公克）。一顆高麗菜大約1,200g重。白蘿蔔則是1,000g，小黃瓜則是100g左右。離差就是「（各顆）高麗菜的重量－平均重量」，所以單位仍是「g」。可是離差取平方後，單位也會跟著變成平方，也就是「g^2」。

$$（1,202g－1,200g）^2＝（2g）^2＝4g^2$$

咦～我都沒發現耶。數字會變成二次方，這我了解，原來「單位」也會變成二次方啊～。

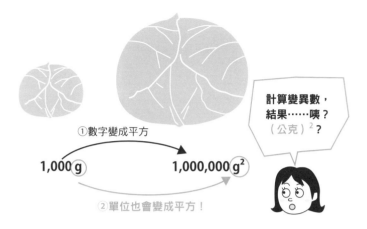

①數字變成平方

1,000 g　　　　　→　　　　1,000,000 g²

②單位也會變成平方！

計算變異數，
結果……咦？
（公克）²？

我也真的無法想像「g²」是什麼意思。看起來是一個沒什麼意義的單位呢。有沒有什麼事例，更能突顯出「單位改變就糟了！」呢？

當然有啊。例如這裡有某學校10位男學生的身高資料，假設平均身高為170cm。也可以說是1.7m，10位學生的資料如下。

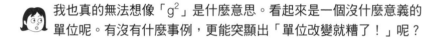

1.71m　1.68m　1.62m　1.81m　1.71m
1.67m　1.74m　1.75m　1.68m　1.63m

現在不用計算變異數。身高單位是m，這個單位的平方就是m²，也就是**長度變成面積**了。

變異數的弱點② —— 單位會改變

高度

面積

m

m²

變異數在計算過程中要取平方，所以會和原始意義不同

原始資料＝長度 → 變異數＝面積？

「m→m²」！這樣我就懂了！也就是說雖然使用變異數時可以不考慮單位，可是還是希望有另一種指標，可以符合①數值不會變得太大，②單位就是原本的單位。

就是這樣，而這項指標就是「**標準差**」。變異數是二次方（平方），所以我們就反向操作，取「變異數的平方根（Root）」就好了。這樣身高就會變成面積，再變回身高了·

$$標準差 = \sqrt{變異數}$$

1邊
（身高）

平方
（面積）

1邊
（高度）

資料 ·······▶ 變異數 ·······▶ 標準差

9 計算「標準差」

了解標準差的概念、優點後，接下來就根據以下資料，實際體會

①平均數　→　②離差　→　③變異數　→　④標準差

的一連串計算和流程吧。

標準差問題

以下數值為某日R麵包店1斤吐司的重量調查結果。
請由此資料求出標準差。

354g　347g　348g　352g　344g
350g　351g　349g　348g　347g

①求平均數

首先求出R麵包店1斤吐司的平均數。

平均數＝合計÷個數

$$=(354+347+\cdots+348)\div10=3490\div10=349(g)$$

平均數＝349g，也就表示若把吐司一字排開，如下圖所示時，會在349g的位置取得平衡。

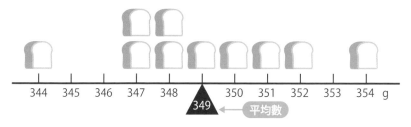

| 344 | 345 | 346 | 347 | 348 | 349 | 350 | 351 | 352 | 353 | 354 g |

349 ← 平均數

平均數就是資料取得平衡的位置，也就是重心所在位置。

---

*31　根據「包裝吐司相關公正競爭規約」的規定，「吐司1斤為340g以上」。R麵包店的吐司重量全都在340g以上，符合規定。

②想像、思考離差

所謂離差，指的就是各筆資料（吐司）和平均數（349g）的差異。如下圖所示，以平均數349g為基準來看，資料分散在-5g～+5g之間。

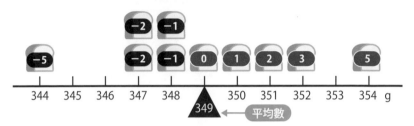

求③變異數、④標準差

取各離差（各筆資料－平均數）的平方後加總（合計），然後除以吐司數量10，就得到7.4的結果，這就是「**變異數**」。變異數因為是用離差的平方算出，所以為了求出「**標準差**」，就將變異數開平方根。這麼一來即可求出此10筆資料的標準差為2.7。

吐司重量 （1斤＝g）	②離差 （①平均數＝349g）	離差的平方
354	354－349＝ 5	$5^2＝25$
347	347－349＝－2	$(-2)^2＝4$
348	348－349＝－1	$(-1)^2＝1$
352	352－349＝ 3	$3^2＝9$
344	344－349＝－5	$(-5)^2＝25$
350	350－349＝ 1	$1^2＝1$
351	351－349＝ 2	$2^2＝4$
349	349－349＝ 0	$0^2＝0$
348	348－349＝－1	$(-1)^2＝1$
347	347－349＝－2	$(-2)^2＝4$
合計 **3490**	**0**	74

標準差：2.7

「離差平方」和

離差和為0也無妨

變異數＝「離差平方」和÷個數＝74÷10＝ 7.4

標準差＝$\sqrt{變異數}$ ＝$\sqrt{7.4}$ ≒ 2.7

天氣預報「和往年一樣」指的是平均數？中位數？

電視的天氣預報常聽到「明天氣溫和往年一樣」，或者是「今年夏天的雨量比往年少」等說法。「往年」指的是和過去30年的比較，以2018年1月1日這一天為例，指的就是將1981年～2010年這30年的氣溫、雨量、日照時間觀測值，由低依序排到高，分成三級。

少 (33%)	和往年一樣 (33%)	多 (33%)
10年	10年	10年

氣溫和往年的差異（比值）由低依序排到高

所謂「和往年一樣」，指的就是資料落在過去30年的「正中央」這10年的範圍內，喵～

「比往年高（低）」聽來好像是和過去的「平均數」做比較，其實這裡指的是「中位數」的意思（但不是真正的中位數，而是位於正中央的「中央群體」的意思）。

下次修訂是2021年，會使用1991年～2020年這30年的資料。因此在2020年12月前是「比往年高」的氣溫，等到進入2021年，可能就會變成「和往年一樣」的氣溫。因此看資料時，在基準變更日＊32的前後要特別小心。

＊32　東京都利根川水系的水壩儲水量，在7月～9月洪水期期間，以及10月～翌年6月非洪水期期間，最大儲水容量並不相同。以利根川水系為例，假設6月30日（非洪水期）有3億m3的水量，儲水率會表示為「65.0％」，可是到了隔天7月1日（洪水期），就算水量相同，儲水率卻會表示為「87.3％」。這僅僅是因為基準變更了，並不表示那一個晚上下了豪雨。

第4章

體驗常態分配！

聽到「常態分配」這個名詞，就覺得好像很難。其實這個名詞是從英文Normal Distribution而來，原意不過是「日常很常見的一般分配」而已。比方說把採收下來的成熟蘋果集合在一起，逐一秤重，大概可以畫出一條平滑的曲線，其中大多數蘋果的重量都落在「平均重量」附近，而離平均重量越遠，蘋果的數量就越少。這就是常態分配。

本章將利用常態分配，最終希望讓讀者學會「比較不同的群體」。

① 將資料化為次數分配表

要由資料進一步到常態分配，就要先試著畫出直方圖。這其實就是一種「資料可視化」。步驟就是「資料→次數分配表→直方圖」，只要大致理解這個流程，就有助於理解常態分配。

前進常態分配的第一步就是「畫出直方圖」。下圖就是表示

取得資料→次數分配表→直方圖

這個流程的示意圖。首先要看的是「資料化為次數分配表」。

■資料→次數分配表→直方圖

①資料

如公家機關的公開資料、自家公司等的營業額資料、獨家問卷資料等。使用原始資料會比使用已經過處理的二手資料來得好。

②次數分配表

根據原始資料，利用以下資訊完成「次數分配表」。
・最大值、最小值（範圍）
・圖形距離（組）及其次數（頻率）等

③直方圖

用次數分配表畫出直方圖。分配的狀況即可一目瞭然。

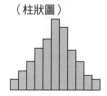

為了畫成圖（直方圖），首先要做出「**次數分配表**」。所謂的次數分配表，指的就是如下所示的表（樣本）。

次數分配表（樣本）

組（級）	組代表值 （組的中心值）	記號　（計數）	次數	累積次數
0～9	5	正	4	4
10～19	15	正 一	6	10
20～29	25	正 正 一	11	21
30～39	35	正 正 下	13	34
40～49	45	正 正 一	11	45
50～59	55	正 丅	7	52
60～69	65	丅	2	54

區分資料

看看樣本的次數分配表，最左側的欄位分成好幾個，稱為「**組**」（也稱為級）。資料數量少時如果分太多組，每組內的資料數量太少，很難看出趨勢。

如下表所示，如果本次要處理的資料數量為80個左右，分6～10組就差不多了。

	A	B	C	D	E	F	G	H
1	59.2	68.1	71.3	58.7	59.1	59.2	57.8	70.4
2	60.5	56.3	66.7	68.4	60.9	61.5	58.1	63.2
3	55	57.2	67.3	69.9	75.0	58.1	63.4	61.4
4	60.4	64.4	60.9	66.2	62.1	59.9	60.5	62.2
5	61.3	59.6	71.2	66.8	65.9	69.3	73.2	58.8
6	55.7	66.7	65.5	62.8	61.3	61.2	62.3	59.6
7	56.3	61.2	66.1	63.4	65.8	64.9	67.2	65.4
8	65.5	62.3	67.2	68.4	66.6	68.2	65.9	63.2
9	61.4	63.9	70.3	64.9	67.2	68.3	64.2	64.4
10	64.2	64.9	62.1	69.4	66.7	64.1	69.9	64.2
11								

「說6～10組太模糊，有沒有可以更精確決定組數的方法？」此時可以利用**史塔基法則**（Sturges Rule）[*33]，做為決定組數（分類數）時的參考。

▶ 分組步驟

接著就實際來分組。步驟如下。

①調查資料的最大值、最小值（為了知道大致的範圍）。

②根據全距（最大值－最小值）、資料數量，分成6～10（根據史塔基法則則是6～7）組左右。

用肉眼試圖在80筆資料中，找出最大值、最小值，這種做法是錯誤的根源。在此我要利用Excel簡單的函數來找。

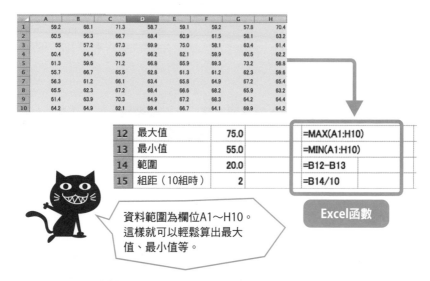

		A	B	C	D	E	F	G	H
1		59.2	68.1	71.3	58.7	59.1	59.2	57.8	70.4
2		60.5	56.3	66.7	68.4	60.9	61.5	58.1	63.2
3		55	57.2	67.3	69.9	75.0	58.1	63.4	61.4
4		60.4	64.4	60.9	66.2	62.1	58.9	60.5	62.2
5		61.3	59.6	71.2	66.8	65.9	69.3	73.2	58.8
6		55.7	66.7	65.5	62.8	61.3	61.2	62.3	59.6
7		56.3	61.2	66.1	63.4	65.8	64.9	67.2	65.4
8		65.5	62.3	67.2	68.4	66.6	68.2	65.9	63.2
9		61.4	63.9	70.3	64.7	67.2	68.3	64.2	64.4
10		64.2	64.9	62.1	69.4	66.7	64.1	69.9	64.2

12	最大值	75.0	=MAX(A1:H10)
13	最小值	55.0	=MIN(A1:H10)
14	範圍	20.0	=B12-B13
15	組距（10組時）	2	=B14/10

Excel函數

資料範圍為欄位A1～H10。
這樣就可以輕鬆算出最大值、最小值等。

這麼一來即可知最大值＝75.0，最小值＝55.0，全距＝20，如果分成10組，每一組的組距就是2。因此可知只要分組如下即可。

[*33] 史塔基法則是以樣本數為n，組數為K，以$K=\log_2 n$表示。上例中n代入樣本數80計算，得出K=6.32，也就是分成6～7組左右，可說是一個參考值。可在Excel中可以輸入「=LOG（80,2）」的函數計算。

組別　55.0～57.0、57.0～59.0……73.0～75.0

　　次數分配表的樣本（121頁）左起第二個「組代表值」，指的就是該組正中央的數值。例如57.0～59.0這一組中有數筆資料，意思就是取正中央的數值（此例中為58.0）來代表這一組。假設一組中有30筆資料時，只要使用組代表值，即使不正確加總這一組內的所有資料，也可以算出總數大致是30 × 58.0 = 1740。

▶ 完成次數分配表

　　121頁的次數分配表（樣本）正中央有一欄是「記號（計數）」，主要是用來計算這一組（區間）裡有多少資料，用記號來計數。我也會在問卷回收後，用寫「正」字的方式來整理資料數量。這是很原始的做法，但只要資料數量不算龐大，整理起來蠻快的。一般稱為**畫線法**。

　　而記號右方的「**次數**」，就是把做記號的「正」字換成數值的結果。如此一來就可以知道每一組的資料數量。也可說是資料露臉的「**頻率**」。最右側的「累積次數」則是次數總和。請務必在最後確認數量時，檢查是否「累積次數＝資料數」、有沒有漏算了。

　　根據上述步驟，利用121頁（或上一頁）的80筆資料，完成次數分配表（下一頁）。

　　完成後的這張次數分配表，看起來和樣本好像有一點微妙的差異。

　　差異就在於「組」。121頁的樣本分成「0～9」、「10～19」等，組和組之間並未相連。而剛剛完成的次數分配表則數值連續，如「～57.0」、「57.0～」等。

和樣本不同，
和下一組是連
續的！

階級（級）	組代表值 （組的中心值）	記號（計數）	次數	累積次數
55.0～57.0	56.0	正	4	4
57.0～59.0	58.0	正 一	6	10
59.0～61.0	60.0	正 正 一	11	21
61.0～63.0	62.0	正 正 下	13	34
63.0～65.0	64.0	正 正 正	14	48
65.0～67.0	66.0	正 正 下	13	61
67.0～69.0	68.0	正 正	9	70
69.0～71.0	70.0	正 一	6	76
71.0～73.0	72.0	下	2	78
73.0～75.0	74.0	下	2	80

■ 用次數分配表製成的「直方圖」

這可以想成樣本是「非連續資料」，如橘子等，而完成的次數分配表則是「連續資料」[*34]。事實上完成的次數分配表是「80人的體重資料」。處理這種連續資料要劃線分組時，必須事先決定好落在線上的資料要計入哪一組（如「55.0以上、未滿57.0」）。

根據次數分配表的次數求出相對次數，就可以求出在全體的占比。

[*34] 身高體重被當成是「連續資料」，然而實際量身高體重時，大都是以整數來表示，如170cm、60kg
等，所以也可視為「非連續資料」。反之，像數學等學科分數的「60分」等，看起來是以1分為單
位增減的「非連續資料」，不過能力變化是連續的，因此也可以視為「連續資料」。

■連續資料的次數分配表

組（級）	組代表值 （組的中心值）	記號（計數）	次數	累積次數
0～10	5	正	4	
10～20	15	正		
20～30	25	正		
30～40	35	正		
40～50	45	正		
50～60	55	正		
60～70	65	下		

■非連續資料（離散資料）的次數分配表

組（級）	組代表值 （組的中心值）	記號（計數）		次數	累積次數
0～9	5	正		4	4
10～19	15	正 一		6	10
20～29	25	正 正 一		11	21
30～39	35	正 正 下		13	34
40～49	45	正 正 一		11	45
50～59	55	正 下		7	52
60～69	65	下		2	54

分組方法不同

原來如此喵。以橘子來說，9個之後就是10個，可是體重就不是這樣了，喵！

■由次數求出「相對次數」

組（級）	組代表值 （組的中心值）	記號（計數）			次數	相對次數
55.0～57.0	56.0	正			4	0.05
57.0～59.0	58.0	正 一			6	0.075
59.0～61.0	60.0	正 正 一			11	0.1375
61.0～63.0	62.0	正 正 下			13	0.1625
63.0～65.0	64.0	正 正 正			14	0.175
65.0～67.0	66.0	正 正 下			13	0.1625
67.0～69.0	68.0	正 正			9	0.1125
69.0～71.0	70.0	正 一			6	0.075
71.0～73.0	72.0	下			2	0.025
73.0～75.0	74.0	下			2	0.025

2 如果發現雙峰型直方圖……

在直方圖的階段就可以做出許多預測。假設現在你有以下三種直方圖,該如何看圖說話呢?特別是出現③「雙峰型」直方圖時,或許必須回頭去看看原始資料。

① 山型(吊鐘型)

像身高體重等大多數「連續資料」常見的圖形。因為只有一個山峰,也稱為「單峰型」。

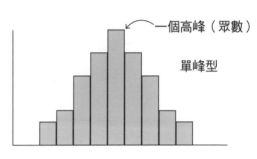

一個高峰(眾數)

單峰型

② 指數型

這種圖形常出現在各種商品的銷售排行、新商品故障(客訴)的時間變化等。

看到像老子這種「有二個駝峰」的圖形就要小心?太失禮了吧。

③ 雙峰型

相較於只有一個山峰的單峰型,右圖則是有二個山峰的雙峰型。一旦出現雙峰型直方圖,就應該去檢查一下原始資料。因為這樣繼續分析下去,大概也沒什麼效果。這又是為什麼呢?

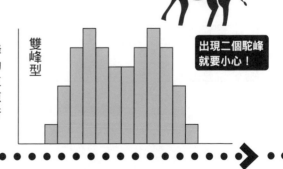

雙峰型

出現二個駝峰就要小心!

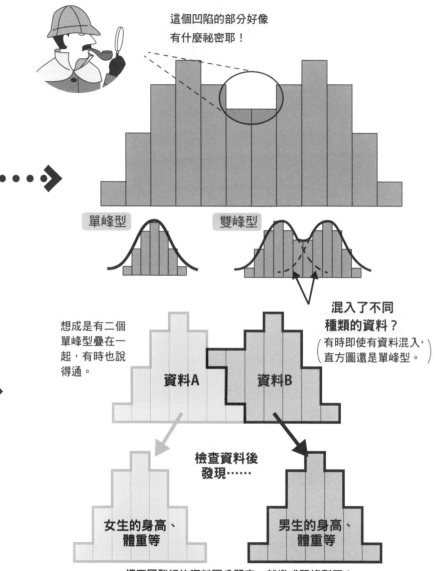

一旦出現雙峰型直方圖……

這個凹陷的部分好像有什麼祕密耶！

單峰型　雙峰型

混入了不同種類的資料？
（有時即使有資料混入，直方圖還是單峰型。）

想成是有二個單峰型疊在一起，有時也說得通。

資料A　資料B

檢查資料後發現……

女生的身高、體重等

男生的身高、體重等

把不同群組的資料區分開來，就變成單峰型了！

（據說入學考的數學分數，有時也會呈雙峰型。有人說「是不是因為考生其實有二群，一群考生是問題再難都解得開，一群則是簡單的問題才解得開？」）

3 由直方圖到分配曲線

把直方圖越分越細後，就會近似某種分配曲線……大家可以想成是這樣。

資料數量少，直方圖就會像下圖①一樣，呈明顯的階梯狀。可是隨著資料數量增加，組距（寬度）就可以縮小，可想而知最後直方圖就會趨近某種分配曲線。

此時如果是身高的分配等，就會趨近左右對稱的吊鐘型（Bell）分配。

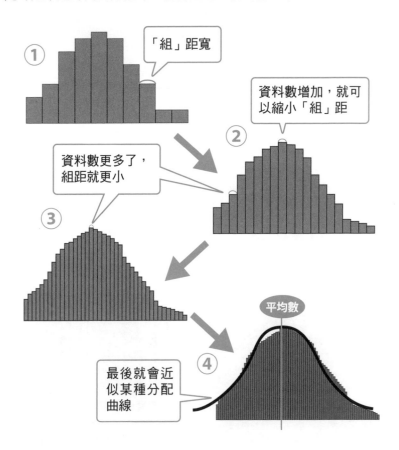

這種分配就稱為「**常態分配**」。常態分配曲線的中心就是「平均數」，大多數的資料都集中在中心附近，離平均數越遠，資料也越少。除了身高和體重被認為是常態分配外，連量測誤差等也被認為遵守常態分配。

常態分配其實有無數種形態。但已知不論是哪一種形態，都是由「平均數」和「變異數（標準差）」這二個數值來決定。

而且不論是哪一種常態分配，約68%（68.26%）的全體資料，都會落在距離平均數±1標準差（Sigma：記號 σ）的範圍內。事實上常態分配就是用「距離平均數多遠」，來決定範圍內的資料比例（機率）。而距離的單位就可用標準差來表示。

參閱P135

常態分配是左右對稱的圖形

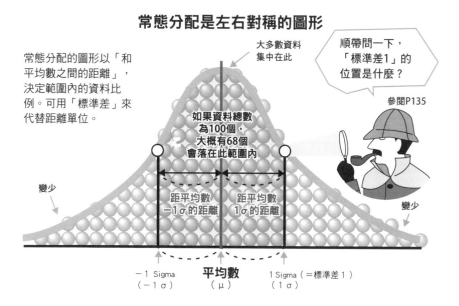

常態分配的圖形以「和平均數之間的距離」，決定範圍內的資料比例。可用「標準差」來代替距離單位。

大多數資料集中在此

如果資料總數為100個，大概有68個會落在此範圍內

距平均數－1σ的距離　距平均數1σ的距離

順帶問一下，「標準差1」的位置是什麼？

變少

變少

－1 Sigma（－1σ）　　平均數（μ）　　1 Sigma（＝標準差1）（1σ）

4 移動常態分配（1）
——變更平均數

常態分配有無數種形態，但都是靠「平均數」和「標準差」這二個數值來決定。
所以我們先試著移動「平均數」，看看會有什麼結果。

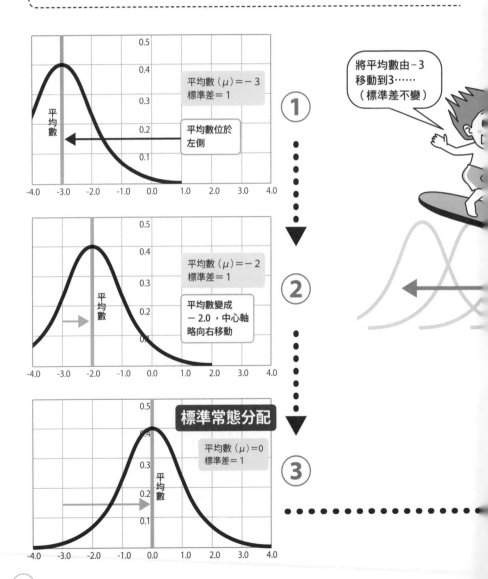

將平均數由−3移動到3……
（標準差不變）

平均數（μ）＝−3
標準差＝1

① 平均數位於左側

平均數（μ）＝−2
標準差＝1

② 平均數變成−2.0，中心軸略向右移動

標準常態分配

平均數（μ）＝0
標準差＝1

③

常態分配是左右對稱的美麗圖形，但其實有非常多形態，而且配置也會偏移。平均數位於常態分配的中央，如果平均數的位置改變（標準差不變），常態分配的中心軸也會隨之改變。也就是說，**平均數改變，「常態分配就會向左右移動」**。此外，平均數＝0、標準差＝1的常態分配，又稱為**「標準常態分配」**。

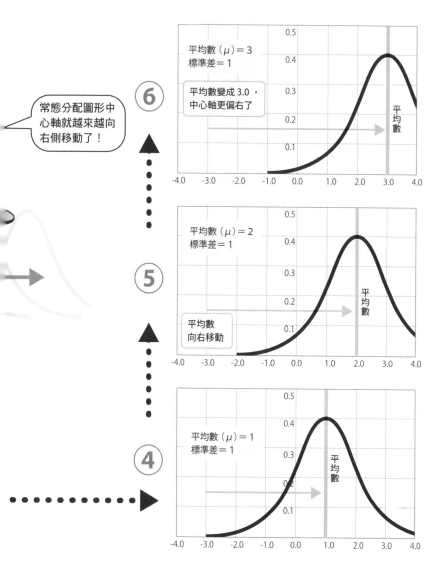

常態分配圖形中心軸就越來越向右側移動了！

⑥ 平均數（μ）＝3 標準差＝1

平均數變成3.0，中心軸更偏右了

平均數

⑤ 平均數（μ）＝2 標準差＝1

平均數向右移動

平均數

④ 平均數（μ）＝1 標準差＝1

平均數

5 移動常態分配（2）
——變更標準差

前一節改變「平均數」，發現「形狀雖然不變，但圖形會左右移動」。可是如果改變常態分配的「標準差（或變異數）」時（平均數不變），圖形就會變高聳、變扁平，看起來的形狀明顯改變。

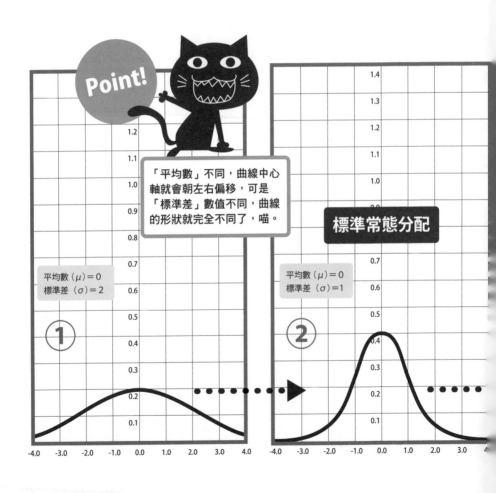

Point!

「平均數」不同，曲線中心軸就會朝左右偏移，可是「標準差」數值不同，曲線的形狀就完全不同了，喵。

標準常態分配

平均數（μ）= 0
標準差（σ）= 2

①

平均數（μ）= 0
標準差（σ）= 1

②

由下圖①（左頁）可知，標準差（或變異數）數值大時，常態分配曲線較扁平、較平緩。反之，標準差由①→②→③→④越來越小，常態分配圖形就越來越尖銳，變成瘦高尖銳的圖形。這些圖形的平均數相同，所以中心軸並不會偏移。

　　圖形差異如此明顯，看起來好像是不同的分配圖形，其實這些圖形不過有的朝橫向發展，有的朝縱向發展，原則上都算是相同的分配曲線。此外上一節也曾提到，平均數＝0、標準差＝1的常態分配又稱為標準常態分配（左頁②）。

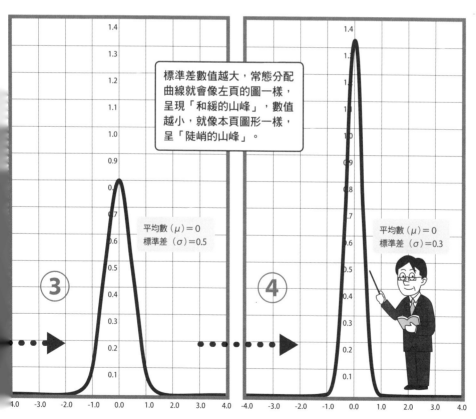

標準差數值越大，常態分配曲線就會像左頁的圖一樣，呈現「和緩的山峰」，數值越小，就像本頁圖形一樣，呈「陡峭的山峰」。

③
平均數（μ）＝0
標準差（σ）＝0.5

④
平均數（μ）＝0
標準差（σ）＝0.3

6 用常態分配來看機率

129頁曾說明不管是哪一種常態分配，「平均數±1標準差（±1 Sigma）」範圍內的資料，比例為68％。如果是±2標準差甚至±3標準差呢？

　　常態分配是以平均數為中心軸，向左右兩側遞減的曲線。而且距離中心-1 Sigma（σ，標準差）到1 Sigma的範圍內，面積（±1 Sigma）是68.26％，這些前面都已經說明過了，所有形狀的常態分配曲線都一樣。再繼續看±2 Sigma、±3 Sigma……等，也是同理可證。

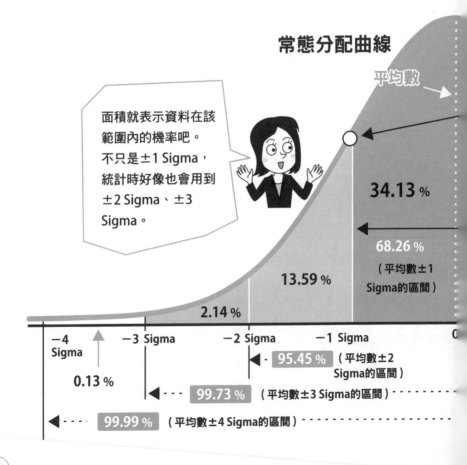

常態分配曲線

面積就表示資料在該範圍內的機率吧。不只是±1 Sigma，統計時好像也會用到±2 Sigma、±3 Sigma。

平均數

34.13 %

68.26 %
（平均數±1 Sigma的區間）

13.59 %

2.14 %

−4 Sigma　−3 Sigma　−2 Sigma　−1 Sigma　0

0.13 %

95.45 %（平均數±2 Sigma的區間）

99.73 %（平均數±3 Sigma的區間）

99.99 %（平均數±4 Sigma的區間）

①平均數 ± 1 Sigma……68.26%的資料在此範圍內

②平均數 ± 2 Sigma……95.45%的資料在此範圍內

③平均數 ± 3 Sigma……99.73%的資料在此範圍內

▶ 顯示資料在範圍內的「機率」

也就是說在常態分配曲線「平均數 ± 標準差（或變異數）」的範圍，表示「某資料落在此範圍內的機率」。

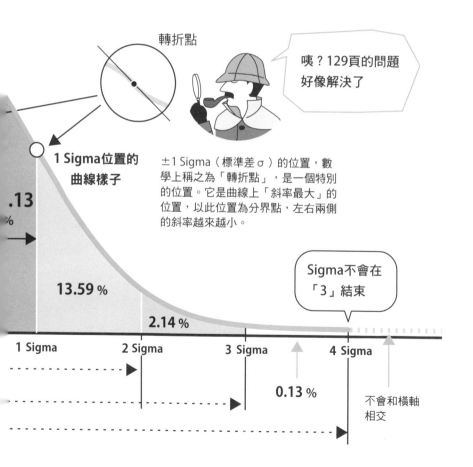

轉折點

咦？129頁的問題好像解決了

1 Sigma位置的曲線樣子

±1 Sigma（標準差 σ）的位置，數學上稱之為「轉折點」，是一個特別的位置。它是曲線上「斜率最大」的位置，以此位置為分界點，左右兩側的斜率越來越小。

.13
%

13.59 %

2.14 %

Sigma不會在「3」結束

1 Sigma　　2 Sigma　　3 Sigma　　4 Sigma

0.13 %

不會和橫軸相交

常態分配就是用面積來表示機率，這一點我大概可以接受。可是2 Sigma、3 Sigma到底在說什麼啊。而且還用到95.45%這種不乾不脆的數字。

 對啊。所以一般不會優先使用Sigma，而常用95%、99%這種整數。一般人看到這種數字比較有感。它就表示以下內容。

95%　＝　1.96Sigma
99%　＝　2.58Sigma

 啊，這樣好隨便哦。95%、99%原來是沒有數學根據的說法啊……。原來是人類任性的結果。

 講「隨便」不太好聽啦。不過95%的確不過是一個參考而已。

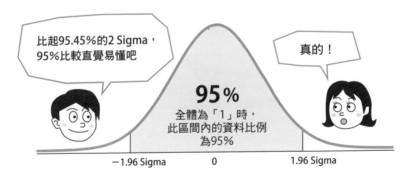

▶ **決定諾貝爾獎得獎與否的關鍵是6 Sigma？**

 不過常態分配曲線到底會在哪裡和橫軸相交呢？還有我最多好像只聽到過3 Sigma而已……。

 不會和橫軸相交哦。就現實面來說，因為資料數量有限，所以會有資料為0（也就是和橫軸相交）的位置——可以這麼說。然而如果

假設「常態分配處理的是無數多的資料」，理論上來說，**常態曲線不會和橫軸相交，兩者永遠只是趨近的關係**。因此3 Sigma後當然會有4 Sigma、5 Sigma……一直下去。

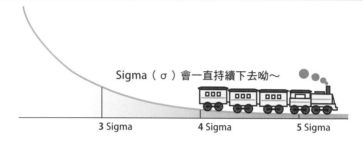

Sigma（σ）會一直持續下去呦～

3 Sigma   4 Sigma   5 Sigma

 剛剛你說到5 Sigma，有需要用到這種機率的領域嗎？

 有啊。「發現新粒子！」時，如果機率不到3 Sigma（約99%）左右，就不會被承認。2015年諾貝爾物理獎得主梶田隆章，也是因為推翻過去「微中子沒有質量」的想法，發表「微中子有質量！」並以「6.2 Sigma」的實驗數據獲得支持，才獲頒諾貝爾獎。6.2 Sigma（±6.2 Sigma）也就表示機率為99.9999999997%，錯誤的機率為0.0000000003%[35]。在基本粒子物理學的世界中，也極其嚴密地運用了統計學的知識呢。

質量有？沒有？

微中子有重量（質量）的根據（Evidence）是「6.2 Sigma」……

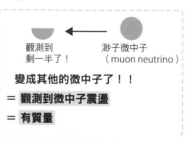

觀測到剩一半了！　　渺子微中子（muon neutrino）

變成其他的微中子了！！

= **觀測到微中子震盪**

= **有質量**

---

[35] **微中子震盪**現象並未實際發生，可是觀測到「微中子減少到一半」現象的「錯誤機率」是0.0000000003%。

以「管制圖」管理品質

日本製造業廣受全球認可的最大原因，我認為關鍵就在於戰後的「品質管理」。
接著就來看看常態分配如何被運用在提升品質管理的現場。

▶ 用管制圖來看不均

戰後美國戴明博士（William Edwards Deming，1900～1993）曾在
日本指導統計學手法，日本產業界因此得以大幅改善生產物的品質，也據
此衍生出**品管七大手法**[36]。其中有助於「發現問題」的手法之一，就是
「**管制圖**」。管制圖是用來看製程是否穩定、產品不均程度的圖表。

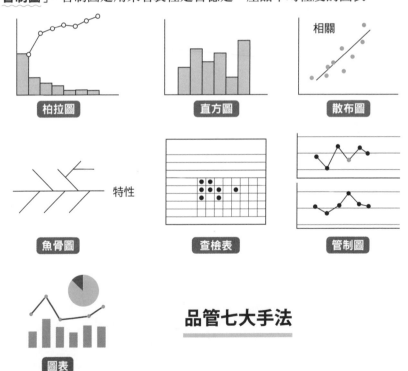

柏拉圖　　直方圖　　散布圖

魚骨圖　　查檢表　　管制圖

圖表

品管七大手法

---

[36] 有關「品管七大手法」，有一說是把「管制圖」納入「圖表」中，另追加「層別法」。

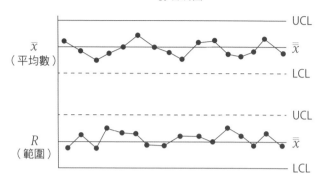

$\bar{x}$ - R 管制圖

上方的「管制圖」為折線圖，縱軸刻度比較特別。大家如果看看下方圖形就知道，其實就是把常態分配曲線（下圖左側）旋轉90度後的圖形。

平均數是正中央那條線（CL＝中心線），其他分別有 ± 1 Sigma、± 2 Sigma、± 3 Sigma 的輔助線。而 **± 3 Sigma 的輔助線則被稱為「管制界限」**。UCL是管制上限（Upper Control Limit），LCL則是管制下限（Lower Control Limit）。將UCL～CL及CL～LCL分別等分為三個領域A、B、C。

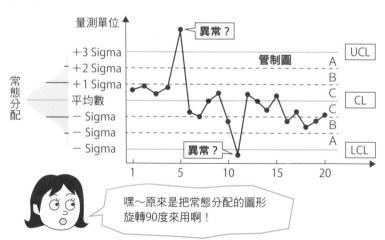

▶ 早期發現「有原因的不良品」

在UCL（中心線以上的A範圍）以上，或者是LCL（中心線以下的A範圍）以下的產品，當然就是不良品（管制排除）。問題是不良品會因為不良品是「偶發」，還是「有某種原因（機械、製程、熟練度）」，而有不同的對策。

環境管理再怎麼嚴格，有時還是會因為材料、溫度等因素，出現偶發不良品。此時只要檢查時排除即可。然而如果不良品的發生有明確的原因，就必須停機[*37]找出真正的原因。至於到底屬於哪種不良，就用「管制圖」來掌握狀況。

舉例來說，一年生產十萬個的產品，即使被判斷出有3個左右超出UCL，是不良品，那也可能只不過是偶發事件。不過如果這3個不良品是在一週內連續發生，還能斷言是偶發事件嗎？

此外如果不良品出現之前的數百個產品，其實都很接近管制邊界，此時

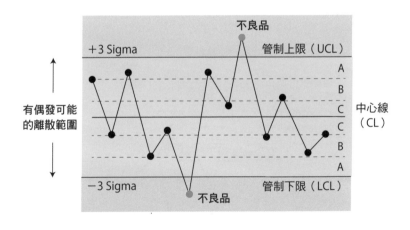

*37　豐田工廠有所謂「警示燈」的異常通報機制。只要發生不良狀況，「警示燈」就會亮起，進而停機。據說這種做法源自「與其生產出不良品，不如停機」的想法。除此之外，筆者進入工廠設施內的一定區域內，身體就會擋到紅外線，因而導致附近的機台停機。據說是只要察覺有危險，就先停機。

如果沒有「很奇怪，應該有什麼地方出問題了」的警覺心，後續就有出現大量不良品的風險。

因此JIS規格（日本工業規格）就制定了參考基準，供使用者判斷是「偶發」還是「另有原因」。但這些基準都不過是「指導方針（Guideline）」，還是必須視個別狀況，仔細判斷。

■異常判定基準（新JIS）

1	管制邊界外	超出領域A（3 Sigma）
2	連	連續9點位於中心線的同一側
3	上升／下降	連續6點增加或減少
4	交互增減	連續14點交互增減
5	2 Sigma外 （接近管制邊界）	連續3點中有2點位於領域A（3 Sigma），甚至超出領域A（＞2 Sigma）
6	1 Sigma外	連續5點中有4點位於領域B（2 Sigma），甚至超出領域B（＞1 Sigma）
7	中心化傾向	連續15點位於領域C（1 Sigma）
8	連續1 Sigma外	連續8點超出領域C（1 Sigma）

＊此八大判定基準僅為指導方針。

廢品原因如果是「偶發」也就算了，如果是「另有明確原因」，就應該儘早找出「異常」原因，喵！

不良品

用 Excel 畫出常態分配曲線的步驟

在進入後半部常態分配曲線的應用之前，先來做個小結，請大家記住用 Excel 畫出常態分配曲線的方法吧。因為自己多畫幾次，上手之後更能體會到常態分配曲線的含意。

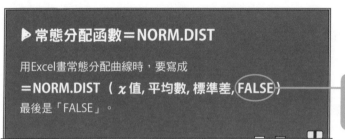

▶ 常態分配函數＝NORM.DIST

用Excel畫常態分配曲線時，要寫成

＝NORM.DIST（ x 值, 平均數, 標準差, FALSE）

最後是「FALSE」。

用「FALSE」可畫出常態分配曲線

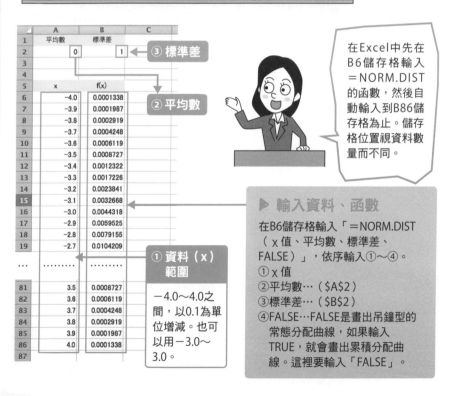

在Excel中先在B6儲存格輸入＝NORM.DIST的函數，然後自動輸入到B86儲存格為止。儲存格位置視資料數量而不同。

③ 標準差

② 平均數

① 資料（ x ）範圍

－4.0～4.0之間，以0.1為單位增減。也可以用－3.0～3.0。

▶ 輸入資料、函數

在B6儲存格輸入「＝NORM.DIST（ x 值、平均數、標準差、FALSE）」，依序輸入①～④。
① x 值
②平均數…（ A2）
③標準差…（ B2）
④FALSE…FALSE是畫出吊鐘型的常態分配曲線，如果輸入TRUE，就會畫出累積分配曲線。這裡要輸入「FALSE」。

	A	B	C
1	平均數	標準差	
2	0	1	
3			
4			
5	x	f(x)	
6	−4.0	0.0001338	
7	−3.9	0.0001987	
8	−3.8	0.0002919	
9	−3.7	0.0004248	
10	−3.6	0.0006119	
11	−3.5	0.0008727	
12	−3.4	0.0012322	
13	−3.3	0.0017226	
14	−3.2	0.0023841	
15	−3.1	0.0032668	
16	−3.0	0.0044318	
17	−2.9	0.0059525	
18	−2.8	0.0079155	
19	−2.7	0.0104209	
...	....	....	
81	3.5	0.0008727	
82	3.6	0.0006119	
83	3.7	0.0004248	
84	3.8	0.0002919	
85	3.9	0.0001987	
86	4.0	0.0001338	
87			

▶ 選擇圖表

上一頁作業中輸入所有資料後，接下來的步驟如下。
①選擇「x 值」和「NORM.DIST」函數的各個儲存格（A6:B86）
②由「插入」選擇「帶有平滑線的散布圖」，進入下一步作業。

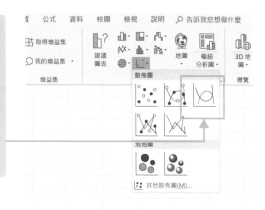

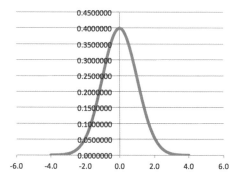

▶ 調整圖表

可以畫出如正中央的圖，可是縱軸刻度太小，所以調整刻度。另外也可以試著畫上格線等，依個人喜好調整。

畫出常態分配曲線了！

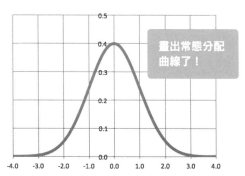

▶常態分配函數＝NORM.DIST

用Excel畫常態分配累積曲線時，要寫成

＝NORM.DIST（χ值、平均數、標準差、(TRUE)）

最後是「TRUE」。用「TRUE」
即可畫出常態分配累積曲線。

用「TRUE」可
畫出常態分配
累積曲線

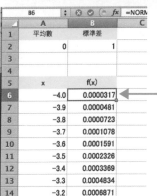

▶輸入儲存格

在B6儲存格輸入「＝NORM.
DIST（x值、平均數、標準
差、TRUE）」，以下儲存格
（B7～B86）自動輸入。

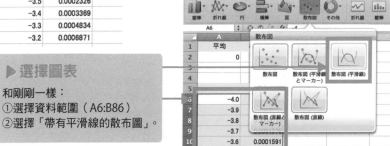

▶選擇圖表

和剛剛一樣：
①選擇資料範圍（A6:B86）
②選擇「帶有平滑線的散布圖」。

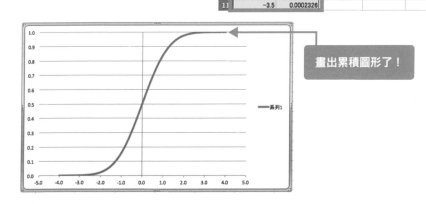

畫出累積圖形了！

▶ 常態分配的公式

常態分配的公式如下。

$$f(x) = \frac{1}{\sqrt{2\pi}\sigma} e^{\frac{(x-\mu)^2}{2\sigma^2}} \cdots \cdots ①$$

①也可以寫成以下公式。

$$f(x) = \frac{1}{\sqrt{2\pi}\sigma} \exp\left(\frac{(x-\mu)^2}{2\sigma^2}\right) \cdots \cdots ①'$$

①和①'內容幾乎相同。可以像①一樣寫成 e$^{\bullet}$，但●的部分如果是如①般複雜的公式（上標），字會變得很小，不易分辨，因此也可以像①'一樣，「用 exp（●）的形式寫大一點也行」。

不會吧？如果不會用這個公式，就不能理解常態分配嗎？統計也……？

不用擔心！放心，喵！

▶ 常態分配的形狀由「平均數」和「標準差」決定

不是這樣的，請放心。一般現實中不會真的用到常態分配的公式。仔細看看這個公式，π（圓周率）＝3.14…，e＝2.7182……所以從結論來說，「**靠 μ（平均數）、σ（標準差）即可決定常態分配**」，看這個公式就更能信服了，喵。

$$f(x) = \frac{1}{\sqrt{2\pi}\,\boxed{\sigma}} e^{-\frac{(x-\boxed{\mu})^2}{2\sigma^2}}$$

→ 平均數

→ 標準差

8 二個不同的常態分配合而為一？

要進入常態分配的下半場了。使用常態分配曲線，就可以相對比較原本很難比較的二個異質的內容。這裡舉數學和英語的成績比較為例。首先先不用嚴謹的數據，而是用印象來理解。

A高中生參加全國模擬考，結果數學考73分，英語考76分。數學平均得分是60分，英語則是68分。A的數學和英語成績，**哪一個成績相對較好呢？**（假設分數分配都服從常態分配。）其實光這樣還無法判斷。我們還需要另一個資料，也就是顯示全體離散程度的**標準差**。假設數學的標準差為8分，英語為6分，而且都服從常態分配。

	數學	英語
A的成績	73分	76分
全體平均得分	60分	68分
標準差	8分	6分

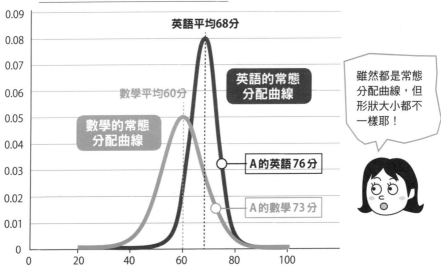

畫成圖形即如上一頁所示。英語分數明明比數學多3分，可是相對來看數學的分數好像比較好。

▶ 試著畫成相同圖形吧！

上一頁的圖形中，數學73分、英語76分的線和該學科常態分配的交點，就是各分數在該學科中的位置（也表示排名）。

本節不具體計算數值，而用移動圖形的概念，讓大家看看如何比較二個異質的內容。下一節再用數值來確認．

當然在目前的狀況下無法比較兩者。怎麼做才能比較數學、英語這二個不同的圖形呢？那就是要把**二個圖形變成相同形狀（對齊）**。

 雖說只要對齊二個圖形就好，可是原本不同的二條曲線，又該如何對齊呢？

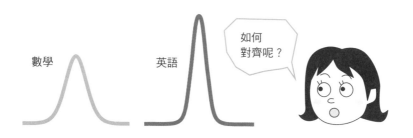

數學　英語　如何對齊呢？

這裡的前提是常態分配哦。所謂的常態分配，雖然有無限多模式，但是「**只要知道平均數和標準差（或變異數）這二者，常態分配就確定了**」。

我記得。也就是①平均數不同，圖形就會左右移動，②標準差（變異數）大，資料就較為離散，所以常態分配的圖形較扁平且底部較寬。標準差小時資料較集中，所以常態分配的圖形較高聳底部較窄……是這樣沒錯吧？

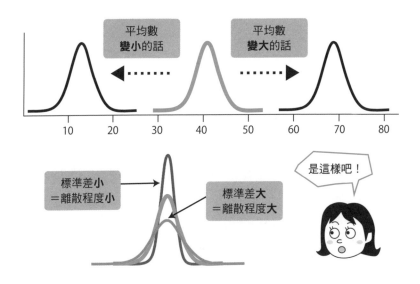

就是這樣。所以只要想像一下用手移動二條曲線的感覺,來移動曲線,二條分配曲線不就會變成一樣的嗎?現在的問題是①平均數和②高寬(標準差)都不一樣。

那先對齊「平均數」看看吧。左右移動數學曲線(藍色)的平均數,對準英語(黑色)平均數的位置。果然在電腦上操作真的很簡單耶。

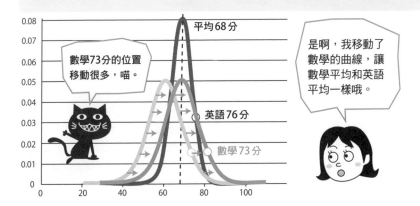

因為只要用滑鼠大致拉一下就好了啊。①平均數移好了。接下來②標準差怎麼辦？提示就是要分二個階段進行喔。

 高度完全不同，要把高度對齊吧。把比較高的「英語」壓低的話……。就變成這樣了。

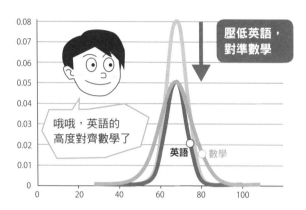

最後再把「寬度」對齊……。漂亮地重疊在一起了耶！雖然只是用手大致地移了一下，可是幾乎完美重疊了耶。「數學」比「英語」稍微偏右就是了。

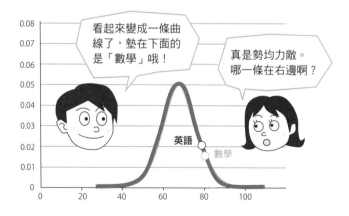

總算做完了。看圖形很有趣，但如果可能，還是希望用「數值」來表示啊。

9 標準常態分配真是太好用了！

上一節提到「想用數值表示」，其實就是模仿前一節圖形的做法。算出數值更可以明確了解差異。

▶ **標準化後的標準分數建立「可比較的基礎」**

看圖形就能掌握大致的概念。理解概念之後，直接算出數值還比較輕鬆，而且數值還可以當成根據，便於向其他人說明。

A的數學、英語得分、和平均得分之間的差異如下。

> **數學** 得分－平均得分＝73－60＝13分
>
> **英語** 得分－平均得分＝76－68＝8分

此得分差異和離散程度（標準差）相對應，因此可以這麼想。

> ・數學的13分相對於標準差8分 相當於13÷8＝1.625
> ・英語的8分相對於標準差6分 相當於8÷6＝1.333

而算出來的1.625、1.333就被稱為「**標準分數**」或「標準化分數」。

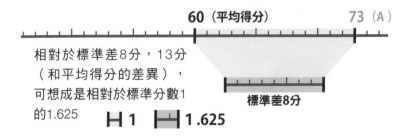

A的數學、英語個人得分、全體平均得分、每個學科的標準差都不同，要拿來比較，乍看之下好像很困難。其實只要算出標準分數，一切就都不一樣了。

這是因為「當標準差為1時，A的數學、英語成績分別為1.625、1.333」，原本不同的內容就可用數值來比較了。

不只是A的成績，像是所有考生的考試結果（資料），也可以用「每個人的考試結果和平均得分之間的差異」，除以該學科的標準差，算出標準分數。這就是把所有考生的成績，用來和「標準分數＝1」比較，取得共通的結果，因此稱為「**標準化**」。

▶ 標準常態分配的平均數＝0，標準差＝1

剛剛說用「標準分數＝1」進行標準化。那「平均數」會如何改變呢？原本每個學科的平均得分不同，用標準分數分配時，其「平均數」會變成0。

這是因為雖然A的標準分數是1.625、1.333，都是「正數」，但這不過是因為A的成績原本就高於平均得分。如果原本的分數低於平均得分，標準分數也會變成「負數」。所以可想而知，大家的資料加總在一起後，就會變成「±0」。

所以由個人的成績算出標準分數進行「標準化」後，就會變成如下分配。

　平均數＝0，標準差＝1的常態分配

前面一直強調「常態分配有無限多模式」，但這種特別的常態分配一般稱之為「**標準常態分配**」。

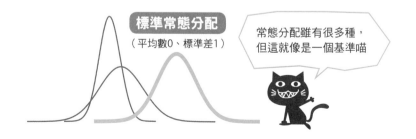

標準常態分配
（平均數0、標準差1）

常態分配雖有很多種，但這就像是一個基準喵

▶ 知道個人的位置

　　數學的標準分數是 1.625，英語是 1.333。這相當於在標準常態分配中，位於標準差 1（1 Sigma）的 1.625 倍、1.333 倍的位置，所以可以單純想成「數學在 1.625 Sigma、英語在 1.333 Sigma 的位置」。這麼一來就知道 A 的數學位置了。

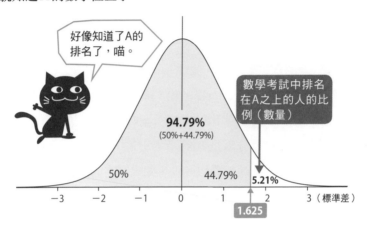

> 前輩，等一下！在這張標準常態分配圖上，為什麼知道「標準差＝1.625」就是在由右邊數來 5.21% 的位置上呢？如果知道左側是 94.79% 的話，是可以用 100%－94.79%＝5.21% 算出來啦。

> 有一張表叫「標準常態分配表」。用這張表就有標準差 1.625 以下部分的累積結果。我手邊沒有標準常態分配表，所以我用 Excel 做了一張，如下一頁所示。

> 也就是本章專欄「用 Excel 畫出常態分配曲線的步驟」（P142）的方法耶。因為是「累積」，所以用的是 NORM.DIST（x 值、平均數、標準差、TURE）吧。不是用 FALSE，而是用 TRUE。

> 對。不過標準差 1.625 無法直接從這張表看出來，所以是取 1.62 和 1.63 之間的平均，估計為「94.79%（0.9479）」。也就是有 5.21% 的人成績在 A 之上。

■用Excel做出標準常態分配並使用

④在B3儲存格輸入「=NORM.DIST（$A3+B$2,E1,G1,TRUE）」。「$」的
藍色只是我為了方便大家閱讀而標上，並非輸入Excel時會是藍色的。

①平均數0，標準差1

將0與1
輸入E1、G1

③B2～K2輸入0～0.09

標準正規分布表	0	0.01	0.02	0.03	0.04	0.05	0.06	0.07	0.08	0.09
平均= 0			標準偏差= 1							
0	0.5	0.503989356	0.507978314	0.511966473	0.515953437	0.519938806	0.523922183	0.52790317	0.531881372	0.535856393
0.1	0.539827837	0.543795313	0.547758426	0.551716787	0.555670005	0.559617692	0.563559463	0.567494932	0.571423716	0.575345435
0.2	0.579259709	0.583166163	0.587064423	0.590954115	0.594834872	0.598706326	0.602568113	0.606419873	0.610261248	0.614091881
0.3	0.617911422	0.621719522	0.625515835	0.629300019	0.633071736	0.636830651	0.640576433	0.644308755	0.648027292	0.651731727
0.4	0.655421742	0.659097026	0.662757273	0.666402179	0.670031446	0.67364478	0.67724189	0.680822491	0.684386303	0.687933051
0.5	0.691462461	0.694974269	0.698468212	0.701944035	0.705401484	0.708840313	0.712260281	0.715661151	0.719042691	0.722404675
0.6	0.725746882	0.729069096	0.732371107	0.735652708	0.7389137	0.742153889	0.745373085	0.748571105	0.75174777	0.754902906
0.7	0.758036348	0.761147932	0.764237502	0.767304908	0.770350003	0.773372648	0.776372708	0.779350054	0.782304562	0.785236116
0.8	0.788144601	0.791029912	0.793891946	0.796730608	0.799545807	0.802337457	0.805105479	0.807849798	0.810570345	0.813267057
0.9	0.815939875	0.818588745	0.82121362	0.823814458	0.82639122	0.828943874	0.831472393	0.833976754	0.836456941	0.83891294
1	0.841344746	0.843752355	0.84613577	0.848494997	0.85083005	0.853140944	0.8554277	0.857690346	0.85992891	0.862143428
1.1	0.864333939	0.866500487	0.868643119	0.870761888	0.872856849	0.874928064	0.876975597	0.878999516	0.880999893	0.882976804
1.2	0.88493033	0.886860554	0.888767563	0.890651448	0.892512203	0.894350226	0.896165319	0.897957685	0.899727432	0.901474671
1.3	0.903199515	0.904902082	0.906582491	0.908240864	0.909877328	0.91149209	0.913085038	0.914656549	0.916206678	0.917735561
1.4	0.919243341	0.920730159	0.922196159	0.92364149	0.9250663	0.92647074	0.927854963	0.929219123	0.930563377	0.931887882
1.5	0.933192799	0.934478298	0.935744512	0.936991636	0.938219623	0.939429242	0.940620059	0.941792444	0.942946567	0.944082597
1.6	0.945200708	0.946301072	0.947383862	0.948449252	0.949497417	0.950528532	0.951542774	0.952540318	0.953521342	0.954486023
1.7	0.955434537	0.956367063	0.957283779	0.958184882	0.959070491	0.959940843	0.960796097	0.96163643	0.96246202	0.963273044
1.8	0.964069681	0.964852106	0.965620498	0.966375031	0.967115881	0.967843225	0.968557237	0.969258091	0.969945961	0.97062102
1.9	0.97128344	0.971933393	0.972571105	0.973196581	0.973810155	0.97441194	0.975002805	0.975580815	0.976148236	0.976704532
2	0.977249868	0.977784406	0.978308306	0.97882173	0.979324837	0.979817785	0.98030073	0.980773828	0.981237234	0.9816911
2.1	0.982135579	0.982570822	0.982997063	0.983414193	0.983822617	0.984222393	0.984613665	0.984996577	0.985371269	0.985737882
2.2	0.986096552	0.986447419	0.986790616	0.987126279	0.987454539	0.987775527	0.988089375	0.988396206	0.988696156	0.988989342
2.3	0.98927589	0.989555923	0.989829561	0.990096924	0.99035813	0.990613294	0.990862532	0.991105957	0.991343681	0.991575814
2.4	0.991802464	0.99202374	0.992239669	0.992450589	0.992656522	0.992857189	0.993053149	0.993244347	0.993430881	0.993612845
2.5	0.993790335	0.993963442	0.994132258	0.994296874	0.994457377	0.994613854	0.994766392	0.994915074	0.995059984	0.995201203
2.6	0.995338812	0.995472889	0.995603512	0.995730757	0.995854699	0.995975411	0.996092709	0.996207438	0.996318992	0.996427399
2.7	0.996533026	0.99663584	0.996735904	0.996833284	0.996928041	0.997020237	0.997109932	0.997197185	0.997282055	0.997364598
2.8	0.99744487	0.997522925	0.997598818	0.9976726	0.997744327	0.997814039	0.997881764	0.997947641	0.998011624	0.998073791
2.9	0.998134187	0.998192856	0.998249843	0.998305519	0.998358939	0.998411113	0.998461805	0.998511001	0.998558758	0.998605113
3	0.998650102	0.998693762	0.998736127	0.998777231	0.998817109	0.998855793	0.998893315	0.998929706	0.998964997	0.998999218

②在A欄以0.1為刻度，
輸入0～3（Sigma）

⑤最後複製儲存格B3，在範圍內的所有儲存格
貼上。此時標準差顯示到3.09（Sigma），
當然也可以再增加。

1.625就是找到左欄（A欄）的「1.6」之後，再看看
右側第二列的數字，找到「0.02」。這是接續在1.6
之後的數字，表示1.62（＝1.6＋0.02）。事實上我
們想知道的是1.625，所以取這個儲存格和下一個
「0.03」的儲存格的中間值。

1.62＝約 0.9474
1.63＝約 0.9484
⟶ **1.625＝約 0.9479**

我覺得自己
好像要懂了！

如果是全國模擬考，假設有一萬人報考數學，也就表示A是第521名左右吧。英語的標準差是1.333，由前表可知為0.9082，也就是90.82％。還有9.18％的人位於A之上，看起來二科都考得很好。

重要的是原本無法比較的「異質資料」，利用「標準化」的方法就可以比較了。

▶ 學力偏差值、智商也是這樣？

這跟學力偏差值好像哦。雖然「平均數＝0」這一點完全不同。我記得學力偏差值的「正中央＝50分」。可是看起來好像哦。

對啊，學力偏差值就是把這個標準化的數字稍做修改而已啊。看考試成績時，如果正中央（平均數）是50分左右，應該比較容易讓人理解吧。所以我們用計算A的標準分數的做法，計算如下。
①計算（得分－平均得分），然後除以標準差
②乘以10
③加入50分的平均分數
算式如下。

$$學力偏差值＝\frac{（得分－平均得分）}{標準差}×10＋50$$

一般考試的學力偏差值大約落在20分～80分之間，隨考試難易程度而異，有時能會突破100分，或低於0分。

我沒想到常態分配和學力偏差值竟然有關耶。

常態分配中用標準差來看，有68％左右的資料會落在平均數±1 Sigma的範圍內。±1 Sigma以學力偏差值來看，就相當於40～60。而平均數±2 Sigma，則相當於學力偏差值30～70。

說到「將能力數值化」，智商（IQ）好像也很類似。這之間也有什麼關係嗎？

 對的。學力偏差值的正中央是50分，而「**智商**」的正中央則是100，最高據說有到140左右。

 我聽朋友說，金氏世界紀錄大全記載著全球「智商」最高的人，而且聽說那個人還是女性。

 那是美國的瑪莉蓮莎凡（1946～），智商記錄為228，是極高的數字。有關於她的故事，本書最後「番外篇」章中應該會再提到一次。

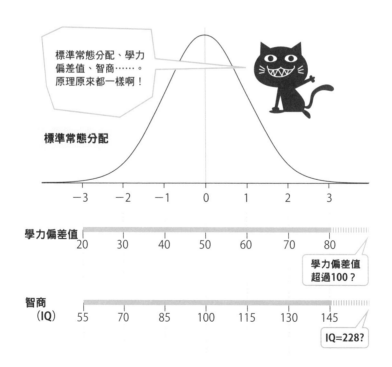

標準常態分配、學力偏差值、智商……。原理原來都一樣啊！

標準常態分配

-3　-2　-1　0　1　2　3

學力偏差值
20　30　40　50　60　70　80

學力偏差值超過100？

智商（IQ）
55　70　85　100　115　130　145

IQ=228？

10 試著比較二個不同的群組

序章中提到三道問題。第二道就是「如何比較在不同部門工作的二個人的成績（貢獻度）」。這裡用上一節提到的常態分配，簡單說明一下。

　　X公司有二個不同專業的優秀員工，業務部有位業績冠軍A先生，研究開發部則有位成績最好的P先生。現在有個特別的機會，「公司要派一位對公司最有貢獻的員工，前往史丹佛大學留學一年」。到底應該選誰呢？

 這個設定還真是亂來啊。不過在組織內倒還蠻常見的。表揚激勵的要素也很強。

 原本異質的群組很難互相比較，但如果就想法來說，只要用前二節（第8、9節）提到的方法，好像就可以比較了。也就是用「偏差值（標準分數）」比較的方法。

我「對公司的貢獻可是No.1」，無人不知啊。

A先生

你在說什麼啊。我才是在背後帶領公司前進的人啊。

P先生

 業務部的部分，我們先按每年營收統計資料，畫出以下的直方圖。這樣就知道A先生的位置了。研究開發部的部分，則按每年專利件數統計資料，一樣列出排名，然後據以畫出直方圖。

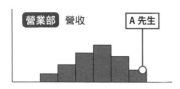

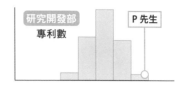

 營收雖然無法和專利件數相比，但前輩想利用常態分配曲線，以「偏差值（標準分數）」來比較是吧。看來比上一節簡單。可是我們沒有最關鍵的常態分配曲線啊。

 第8節（P146）的A同學因為參加全國模擬考，所以參加人數（資料）眾多，可以假設是常態分配。可是如果是公司，一般只能畫出如上方的直方圖吧。

 「馬上就撞牆了！」好像也無法把直方圖再細分下去……。

 所以這裡我們只好約略地（睜一隻眼閉一隻眼）在二個直方圖上，描出吊鐘型曲線（常態分配曲線）。

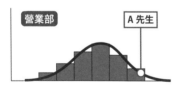

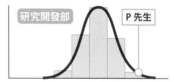

 也就是要找出一個接近直方圖形狀的常態分配，套用在直方圖上。接下來就簡單了。

就像第8節把圖形重疊在一起的做法一樣，原本常態分配曲線應該是相同的曲線，所以水平移動（對齊平均數）、對齊高度寬度（標準差），把圖形放大、縮小，就可以讓二條常態分配曲線呈現相同形狀。然後就可以比較二位優秀員工的位置了。

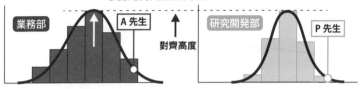

①首先對齊頂部高度

業務部　A先生　　對齊高度　　研究開發部　P先生

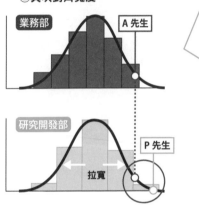

②其次對齊寬度

業務部　A先生

研究開發部　P先生　拉寬

原來如此，P先生的位置
比較右邊，喵。

 這麼一來，研究開發部的P先生位置比較偏圖形的右側，所以雖然部門不同，但P先生的貢獻度應該比較高。

 這種做法看起來或許很不合理，不過在直方圖上套用大略的常態分配曲線，就可以比較二個異質的資料了。
當然前提是原則上這二個群組（業務部、研究開發部）的員工能力幾乎相同，各部門內的業績呈現自然的離散。

 嗯，這個前提很不合理，可是我可以理解這種想法。

彭加勒和麵包店不講情義的攻防戰

活用常態分配最出名的軼事，就是彭加勒（法國人，1854～1912）和麵包店的故事[38]。

彭加勒從某麵包店買回1 kg（一條）麵包，然後一年內持續量測麵包的重量。當然有1、2次不到1 kg，但這也不是什麼奇怪的事。因為做麵包當然也會有離散的狀況。因此雖說是「1 kg」，只要量出來的結果是以1 kg為中心的常態分配（就算有太過離散的問題），彭加勒應該也不會小題大作。

可是量了一年後，他發現麵包重量的平均數不是1 kg，而是950 g的常態分配。就像是下表中的藍色曲線一樣。

平均重量比原本以為的分配（淺灰色的常態分配）少了50 g。也就是麵包店欺騙顧客，把實際950 g重的麵包當成「1 kg」來賣。

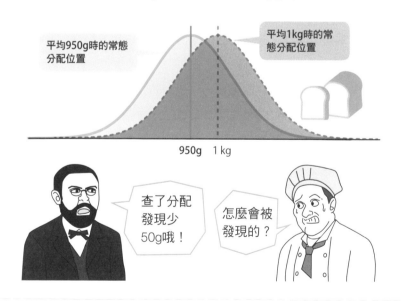

平均950g時的常態分配位置

平均1kg時的常態分配位置

950g　1 kg

查了分配發現少50g哦！

怎麼會被發現的？

---

*38　這是《What Are the Chances: Voodoo Deaths, Office Gossip, and Other Adventures in Probability》（Holland, Bart K.）中介紹的故事。

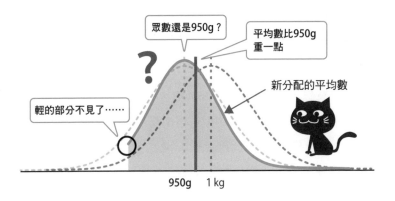

眾數還是950g？

平均數比950g
重一點

新分配的平均數

輕的部分不見了……

950g　1 kg

　彭加勒用這一年的資料去告麵包店。不過可能是因為不相信麵包店，所以彭加勒又再量了麵包重量一年。

　結果據說就出現了上面這個不可思議的圖形（實際的圖形並未保留至今，所以此圖僅是筆者的推測）。首先這個圖形並非左右對稱，但眾數仍舊是950ｇ。可是不知為何，平均數重了一些……。合理推測可能是因為圖形左尾（較輕的麵包）被切斷的關係。如果是正常做麵包，圖形應該會接近常態分配，這個圖形很不自然。

　為什麼分配會變成這種圖形呢？可以想到的原因只有一個。

（1）麵包店還是一直做950g的麵包，當成1kg的麵包賣

（2）但為了不讓囉嗦的彭加勒客訴，所以賣給他的麵包會挑大一點的

　　結果彭加勒從「不自然的分配」發現店家的手法，又去告了麵包店。

　彭加勒留下的名言如下，「數學家就是可以看著不正確的圖形，做出正確推論的人」。從這個例子來看，他就是看著自己花了一年的時間，收集到資料形成的一條不可思議的曲線，做出正確的推論。

第5章

由樣本「估計」
母體特徵

第五章及後續的第六章要談的是「推論統計學」。二章都是根據樣本，來推論母體的特性。差別在於①估計母體的具體數值，②判斷關於母體的假設真偽──這一點。第五章和第六章分別要說明①和②。

要「估計」什麼？

本章要談的是推論統計學二大支柱之一的「估計」。所謂估計，就是用樣本資料來推論原本群體的平均數、變異數等。

▶ 平均數、比率（收視率）等的估計方法

第一章也曾經提到，目前的統計學主流是「推論統計學」。

敘述統計學⋯⋯**以處理所有資料為基本原則**

推論統計學⋯⋯**用樣本來估計原本群體的特徵**

從這個角度來看，要介紹推論統計學的第五章「估計（統計估計）」、第六章「假設檢定」，應該扮演著推論統計學的核心角色。

可是「利用樣本資料來估計原本群體的性質、特徵等」，到底要「估計」什麼呢？此時要估計的是「原本群體」的平均數、變異數或比率等。

「平均數和變異數？有那麼重要嗎？」這是因為只要知道這二者，某種程度就可以推論原本群體的狀況。例如對公司提出員工獎金問卷調查結果時（第三章第一節P82），平均數就是重要的參考資料，而如果知道變異數，就知道「過半數員工的期待值，大概落在這個範圍內（特別離譜的回答除外）」。

或許有讀者會想，「我知道平均數的重要性，但比率是指什麼？」具體來說指的就是像收視率等事例。用有限的樣本資料如何算出收視率？又如何估計相關誤差？

這些「估計」的步驟，基本上只要記住求「原本平均數」的方法，就都同理可證了。本書將說明以下二種方法：①求「原本群體的平均數」的方法，以及②求具體收視率的方法。

「估計」是「推論統計學」的二大支柱之一，所以內容其實很深奧。比

方說有時會用到類似常態分配的「t分配」，或看起來就不同於常態分配的「卡方分配（χ^2分配）」等，要理解這些理論的背景，還必須談到一個門檻很高的「自由度」概念。不過只要知道「平均數和比率」這二者，我想就足以理解「估計方法」了。

▶ **理解概要**

其實本書到目前為止，都沒有提到太多計算。因為要理解統計學的大致內容，某種程度的手算雖然有助於練習和深入理解，但就我個人的經驗來說，太過專注在計算上，反而很難愛上統計學。

即使如此，本章還是會提到一些計算公式。目的並不是要讀者們仔細演練實際計算，而是因為這些公式很重要，有助於讀者們理解「原來是用這樣的計算公式來鎖定估計的範圍啊」、「改變這個部分的數值，機率就可以從95％提升到99％啊」。

統計學大半的計算，都可以透過加減乘除的四則運算完成，所以即使要用Excel進行上述計算，也幾乎不需要知道特殊的統計函數。改變數值再次計算這種繁瑣的作業，就交給Excel吧。

▶ **支撐推論統計學的中央極限定理**

「從樣本資料估計原本群體的平均數」。這麼做也必須要有理論根據，而不是胡亂瞎猜。這個理論根據就是所謂的**中央極限定理**，也就是「推論原本群體的平均數時，支撐推論統計學的重要定理」。

另外到目前為止，本書都使用「原本群體」的說法，但從下一節開始，將不得不開始用正式的統計學用語「母體」來表示，因此以下先來說明幾個名詞。

先來整理統計學用語

原本群體、樣本群體都各有「平均數」、「變異數」、「標準差」，如果只說「平均數」，無法區分是哪一個群體的平均數。因此首先我們就先來整理相關用語。

▶ 平均數、變異數、標準差都有二種？

第二章、第三章談了很多「平均數」、「變異數（標準差）」。當時沒想太多，可是現在仔細想想，還真不知道要說的是「原本群體的平均數」，還是「樣本群體的平均數」。

雖然你想說的是樣本平均數，但只要對方可能有不同的想法，最好就要確認雙方的想法是否一致，再繼續談下去。所以必須使用正確的統計學用語和概念，和對方溝通。在此我們就先來整理基本的統計學用語吧。

前面多次提到「原本群體」，一般稱之為「**母體**」。而由母體中抽出樣本所形成的資料集合，就稱之為「**樣本**」。

母體有自己的「平均數、變異數、標準差」，這些數值前都加上「母體」二字，稱為「**母體平均數**」、「**母體變異數**」、「**母體標準差**」。**如果沒有任何附註說明，只寫著「平均數」、「變異數」、「標準差」時，一般就是指「母體的平均數、變異數、標準差」**。

同理可證，樣本的數值也是在前面加上「樣本」二字，成為「**樣本平均數**」、「**樣本變異數**」、「**不偏變異數**」、「**樣本標準差**」，以和母體區隔。

此外，**利用樣本算出的**「樣本平均數、樣本變異數、樣本標準差」又稱為「**統計量**」。「統計量」這個名詞很常見，但一般不會稱母體數值為統計量。以上就是用語的說明。

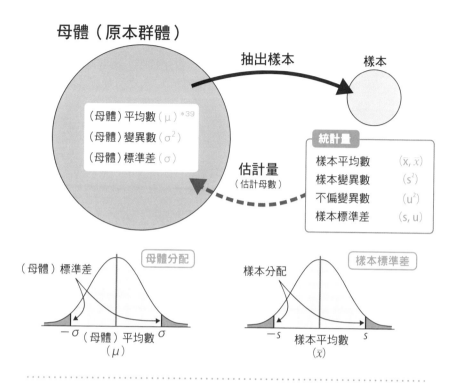

母體（原本群體）

抽出樣本

樣本

（母體）平均數（μ）*39
（母體）變異數（σ²）
（母體）標準差（σ）

統計量

樣本平均數　　（x̄, x̄）
樣本變異數　　（s²）
不偏變異數　　（u²）
樣本標準差　　（s, u）

估計量
（估計母數）

母體分配

（母體）標準差

−σ（母體）平均數 σ
（μ）

樣本標準差

樣本分配

−s 樣本平均數 s
（x̄）

前輩，我發現一個奇怪的用語！「不偏變異數」這個用語好奇怪。母體的數值前方加上「母體」二字，變成「母體平均數、母體變異數」，這很容易了解。
樣本也一樣，「樣本平均數」、「樣本變異數」我可以了解，可是中間跑出來一個「不偏變異數」。為什麼不光只有「樣本變異數」呢？

妳的問題真是一針見血耶。只有不偏變異數的計算，跟其他數值不太一樣。

---

*39　母體的記號使用希臘字母，如母體平均數的記號為 μ（Myu；相當於m），母體變異數則為 σ²（Sigma；相當於s），母體標準差則為 σ 等。而自母體抽出的樣本則用英文字母為記號，如樣本平均數為 x̄、x̄，而樣本變異數則為s²等，以示區別。

咦？母體變異數和樣本變異數計算方法不同嗎？例如由母體抽出三個樣本，分別是9、10、11的話，平均數＝10吧。因為知道平均數了，所以變異數的計算就是先算出（離差）^{2}，然後加總（離差）^{2}後除以資料數3，也就是以下的算式就可以了吧。

$$平均數 = \frac{9 + 10 + 11}{\underset{\text{資料數}}{3}} = 10 \longleftarrow 平均數$$

$$變異數 = \frac{(資料①–平均數)^2 + (資料②–平均數)^2 + (資料③–平均數)^2}{資料數}$$

$$= \frac{(9–10)^2 + (10–10)^2 + (11–10)^2}{\underset{\text{資料數}}{3}} = \frac{1 + 0 + 1}{3} = \underset{\text{變異數}}{\frac{2}{3}}$$

是啊，到目前為止都對。不過「不偏變異數」最後一步不是除以「資料數」，而是除以「資料數－1」。這樣算出來的結果就是不偏變異數。不過「樣本變異數」則和一般變異數（母體變異數）一樣，要除以「資料數」。這就是二者的差異。假設各資料為 x_1、x_2、……、x_n（資料數為 n），平均數為 $\bar{x}$，樣本變異數和不偏變異數的公式分別如下所示。

$$樣本變異數 = \frac{(x_1-\bar{x})^2 + (x_2-\bar{x})^2 + (x_3-\bar{x})^2 + \cdots\cdots + (x_n-\bar{x})^2}{n}$$

$$不偏變異數 = \frac{(x_1-\bar{x})^2 + (x_2-\bar{x})^2 + (x_3-\bar{x})^2 + \cdots\cdots + (x_n-\bar{x})^2}{n-1}$$

我完全搞不懂。為什麼不偏變異數要除以「資料數－1」？

我們的目的不是要知道「樣本平均數、樣本變異數」，而是要用樣本的平均數等數值，來估計母體的平均數、變異數、標準差吧。
其實已知用「樣本變異數」（除以資料數n）去估計母體變異數，

估出來的數值會是「略微偏小的數值」。但是如果用分母為「資料數－1」的不偏變異數去估計，就會和母體變異數一致。

數學上已經證明了不偏變異數和母體變異數一致，但內容很艱深。如果你想知道詳情，可以上網搜尋或翻閱專業書籍。

話說回來，用來估計**母體特徵的樣本資料，被稱為「估計值」**。從這個角度來看，樣本平均數和不偏變異數是估計值，但樣本變異數不能說是估計值。

原來如此，從「用樣本來調查、推理母體特徵」的角度來看，不偏變異數比較有意義。

我有一個問題。樣本標準差是用樣本變異數來計算，還是用不偏變異數來計算呢？

這就會因人、因文獻而異了*40。所以只能看使用的人、場合等，「看前後文」來判斷是哪種意思了。

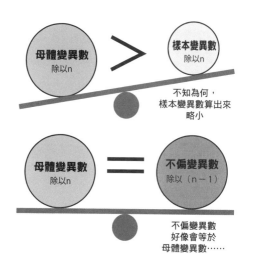

---

*40　本書為了方便區分，將由樣本變異數算出的「標準差」稱為「樣本標準差」，由不偏變異數算出的「標準差」稱為「不偏標準差」。

3 「點估計」是瞎貓碰上死耗子？

「熟能生巧」。立刻來估計母體平均數吧。怎麼做才能根據樣本資料，知道母體平均數和變異數等數值呢？首先要了解「點估計」。

▶ 我想知道午餐的平均花費！

假設現在我們想知道全日本上班族午餐的平均花費金額。我們不可能取得所有上班族的資料，所以就想用幾位上班族的資料做為樣本來取代。

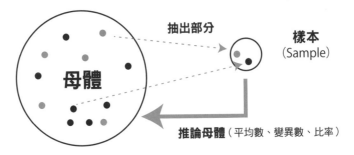

因此我們用**隨機抽樣**[*41]的方法，問了4位上班族的午餐花費[*42]，分別是370日圓、650日圓、700日圓、1,080日圓，平均花費剛好是700日圓。

接下來要用這4位上班族的資料，來推論全日本上班族的午餐平均花費。該怎麼做呢？

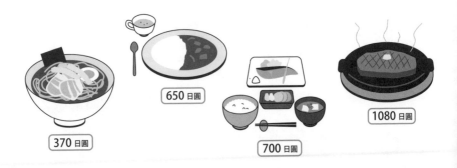

▶ 點估計真的是「瞎貓碰上死耗子」？

只用4個人的資料，要推論「全日本上班族的全貌」，真的很亂來。不過如果手邊真的只有4筆資料，也只能根據這些資料去想。

方法之一就是當成「4個人的平均花費金額，和全體的平均金額完全一致（700日圓）」。這種單純的估計方法就稱為「**點估計**」。

「點估計」就是正中1點的估計方法，喵。

不過如果已知母體呈常態分配，點估計的做法倒也還說得過去。可是如果完全不知母體分配，就很難說點估計的做法可信了。雖說「熟能生巧」，這種做法還是稍嫌準備不足。

相對於點估計，還有一種方法是用一定的範圍、區間來估計。這種估計方稱為「區間估計」。要學習區間估計，就必須先學習「中央極限定理」以為準備。

---

*41　隨機抽樣也稱為Random Sampling，是不偏頗的抽樣方法之一。排除人為主觀因素，由母體隨機抽出樣本。

*42　當然一般不會只取4個樣本資料，這樣的樣本數量太少。不過這裡為求簡化，所以用極少的樣本來說明。

4 「樣本平均數」的分配和中央極限定理

像點估計一樣，「抽樣的樣本平均數＝母體平均數」的情形其實不太常見。那有沒有其他的估計方法呢？解決問題的關鍵就在於「中央極限定理」。

▶ **每次抽樣的樣本平均數都不同**

　　假設A先生從蘋果園中摘了10顆蘋果。他立刻秤重，算出平均重量，結果是300g。

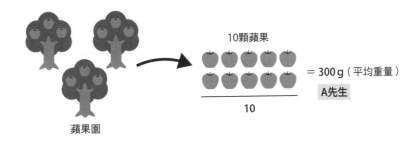

　　接著B先生也一樣摘來10顆蘋果，但平均重量可能不是300g，而是320g。C先生的10顆蘋果平均重量290g，D先生……。10顆蘋果的平均重量當然應該會因蘋果而異。

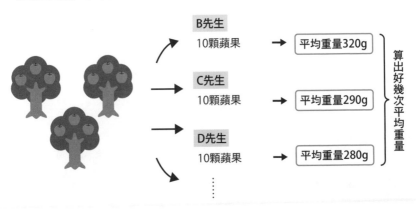

如此這般算出好幾次的10顆蘋果平均重量，每次只要樣本改變，樣本平均數也會隨之改變。

我猜這些「平均數的分配」，大概會呈現以下的直方圖狀態。請大家要特別注意，這裡的分配和前面提及的不同，**「不是個別資料的分配」，而是「平均數的分配」。**

當「10顆的平均重量」數值越來越多，達一定次數以上，可想而知應該就會趨近某種機率分配（已知的是會趨近常態分配）。

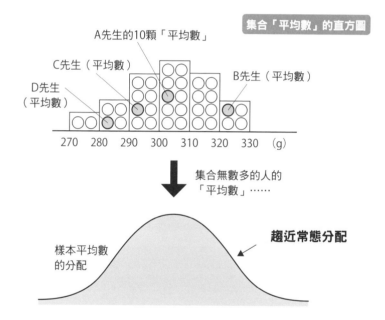

集合「平均數」的直方圖

A先生的10顆「平均數」

C先生（平均數）

D先生（平均數）

B先生（平均數）

270　280　290　300　310　320　330　(g)

集合無數多的人的「平均數」……

樣本平均數的分配

趨近常態分配

▶ 樣本平均數的分配

這是集合Ａ先生、Ｂ先生等無數多人的「樣本平均數」，調查其分配的結果，因此稱之為**「樣本平均數的分配」**。樣本平均數在本章第二節（P165）以$\overline{X}$[*43]來表示，所以也稱為「樣本平均數$\overline{X}$的分配」。

＊43　讀成「X Bar」。

樣本平均數$\overline{X}$的分配已知特徵如下。

①「樣本平均數$\overline{X}$的分配的平均數」和「母體平均數（μ）」一致。

②「樣本平均數$\overline{X}$的分配的變異數」為$\dfrac{\sigma^2}{n}$$\left(\text{標準差為}\dfrac{\sigma}{\sqrt{n}}\right)$（$\sigma$為母體標準差）。

③不論母體分配為何，樣本數n越大，「樣本平均數$\overline{X}$的分配」越趨近常態分配。

這就是所謂的**中央極限定理**，是推論統計學中極為有用的定理。根據①、②、③的特徵，樣本平均數的分配為如下的藍色圖形所示。

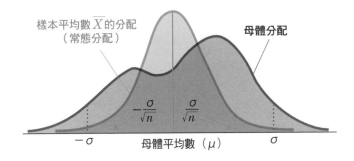

①指出二個分配的平均數一致，②指出標準差（變異數）不同，所以二個圖形不同。又根據③，即使母體的分配形狀特殊，「樣本平均數$\overline{X}$的分配」也會是常態分配。

另外根據②，**即使不知道樣本平均數$\overline{X}$的分配的標準差，只要知道母體標準差，即可以$\dfrac{\sigma}{\sqrt{n}}$代入。**

用區間來表示的「區間估計」

用區間來表示母體平均數等數值「在○日圓～○日圓之間」的「區間估計」，又是以什麼為根據呢？接下來看看以「區間估計」來求出母體平均數的方法。

▶ 利用中央極限定理的變形

　　點估計是估計出明確的1點，如「700日圓」，而估計出一定的機率和區間，如「有95％的機率是550日圓～900日圓」的方法，就是「**區間估計**」。平均數的區間估計，原則上就是利用前一節介紹的「中央極限定理」的概念。

　　中央極限定理的特徵之③，提到「不論母體分配為何……」，其實如果已知母體為常態分配，還有一種很方便的特徵，也就是「不受樣本數影響（亦即小樣本也行）」。這裡我們就要活用這個特徵。

　　一樣用點估計時的4人為例，再加上上述特徵（母體為常態分配），試求①的母體平均數（上班族午餐平均花費）。

▶ 畫出午餐費的樣本分配

　　不過雖說是常態分配，前面說明時都以Sigma的想法為基礎，如2 Sigma（2個標準差）、3 Sigma（3個標準差）等。不過因為「2 Sigma＝94.5％」，如果用整數Sigma來處理，百分比就會有尾數，使用起來不是很方便。

　　所以實務上大多會使用「95％、99％的機率」（特別是在商業場合）。

　　95％　→　1.96 Sigma　　　　99％　→　2.58 Sigma

　　所以根據上一節的特徵①，午餐花費「樣本平均數分配」的平均數（正中央的藍線）和母體平均數一致，根據特徵②，樣本標準差可以$\frac{\sigma}{\sqrt{n}}$代用，因此可畫出下頁圖形。

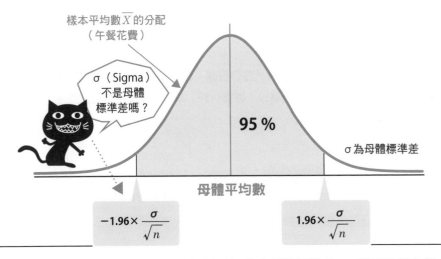

樣本平均數 $\overline{X}$ 的分配
（午餐花費）

σ（Sigma）
不是母體
標準差嗎？

95%

σ為母體標準差

母體平均數

$-1.96 \times \dfrac{\sigma}{\sqrt{n}}$

$1.96 \times \dfrac{\sigma}{\sqrt{n}}$

　　就像小黑貓的發現一樣，因為還不知道「母體標準差」，所以這裡先暫時做一個假設，假設已知母體標準差為400日圓。根據這個圖形，如果4人的午餐平均花費（700日圓）有95％的機率會落在這個區間內的話，根據上述圖形，以下公式成立。

$$母體平均數 - 1.96 \times \frac{標準差}{\sqrt{資料數}} \leqq 樣本平均 \leqq 母體平均數 + 1.96 \times \frac{標準差}{\sqrt{資料數}}$$

（信賴係數95％時代入1.96，99％時代入2.58）

　　我們要利用上述公式求出「母體平均數」（藍字）。為了把公式改成以下形式：

●●● ≦ 母體平均數 ≦ ●●●

把上述公式分解成以下的（1）和（2）。

$$\begin{cases} 母體平均數 - 1.96 \times \dfrac{標準差}{\sqrt{資料數}} \leqq 樣本平均數 \quad \cdots\cdots（1） \\[3mm] 樣本平均數 \leqq 母體平均數 + 1.96 \times \dfrac{標準差}{\sqrt{資料數}} \quad \cdots\cdots（2） \end{cases}$$

把上述公式分解成以下的（1）和（2）。

$$\begin{cases} 母體平均數 \leqq 樣本平均數 + 1.96 \times \dfrac{標準差}{\sqrt{資料數}} \cdots\cdots（3） \\[3mm] 母體平均數 \geqq 樣本平均數 - 1.96 \times \dfrac{標準差}{\sqrt{資料數}} \cdots\cdots（4） \end{cases}$$

由（3）、（4）又可得出以下公式。

$$樣本平均數 - 1.96 \times \dfrac{標準差}{\sqrt{資料數}} \leqq 母體平均數 \leqq 樣本平均數 + 1.96 \times \dfrac{標準差}{\sqrt{資料數}}$$

在這個公式中代入樣本平均數＝700日圓、標準差（母體標準差）＝400日圓、資料數＝4（人）。

$$700 - 1.96 \times \frac{400}{\sqrt{4}} \leqq 母體平均數 \leqq 700 + 1.96 \times \frac{400}{\sqrt{4}}$$

看起來有點複雜，我們分開來算。

$$母體平均數 \geqq 700 - 1.96 \times \frac{400}{\sqrt{4}} = 700 - 1.96 \times 200 = 700 - 392 = 308 日圓$$

$$母體平均數 \geqq 700 + 1.96 \times \frac{400}{\sqrt{4}} = 700 + 1.96 \times 200 = 700 + 392 = 1,092 日圓$$

$$308 日圓 \quad \leqq \quad 母體平均數 \quad \leqq \quad 1,092 日圓$$

這樣就可以說「日本上班族（母體）的午餐平均花費，有95％的機率落在308日圓～1,092日圓之間」。

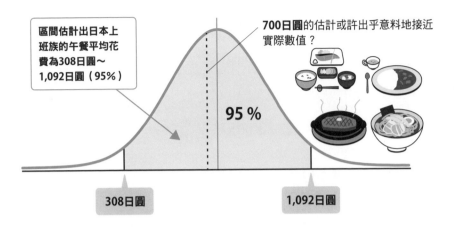

區間估計出日本上班族的午餐平均花費為308日圓～1,092日圓（95%）

700日圓的估計或許出乎意料地接近實際數值？

95 %

308日圓

1,092日圓

這裡用到的是「母體為常態分配」以及「母體標準差已知」的二大條件。

6 樣本多又會如何改變？

上一節針對4人的午餐費資料來討論。如果人數變成40人、400人，區間估計又會如何變化呢？

已知母體為常態分配，也知道母體標準差時，就可以用上述公式「區間估計母體平均數」是吧。我再寫一次這個公式。1.96指的是有95%的機率會是「○日圓～○日圓」時的數值哦。

$$樣本平均數 - 1.96 \times \frac{標準差}{\sqrt{資料數}} \leq 母體平均數 \leq 樣本平均數 + 1.96 \times \frac{標準差}{\sqrt{資料數}}$$

我知道區間估計很有用，可是公式好難記哦。有沒有什麼方便記憶的方法？

就算不記得公式，因為是在圖形95%的範圍內，所以只要想起圖形即可。只要用σ（Sigma）去除以$\sqrt{資料數}$就好了。

原來如此，就算不記得公式，只要想起圖形就可以知道了。

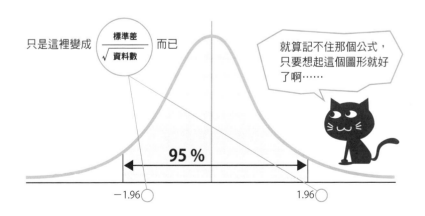

只是這裡變成 $\dfrac{標準差}{\sqrt{資料數}}$ 而已

就算記不住那個公式，只要想起這個圖形就好了啊……

95 %

−1.96　　1.96

〈**例題**〉請估計日本上班族的午餐平均花費。我分別詢問了4人、40人、400人，平均數都是700日圓。母體（假設為常態分配）標準差也和之前一樣，為400日圓。那麼以95%的機率區間估計日本上班族午餐平均花費時，4人、40人、400人會有什麼影響？

 不一樣的地方只有樣本數，除此之外都一樣。用Excel計算如下。

	A	B	C	D	E	F	G	H	I	J	K
1	■95%的信賴區間時										
2	4人		區間		4人		區間		4人		區間
3	樣本平均數	700	308		樣本平均數	700	576		樣本平均數	700	661
4	（母體）標準差	400	~		（母體）標準差	400	~		（母體）標準差	400	~
5	資料數	4	1092		資料數	40	824		資料數	400	739

表格不太容易看清楚，所以我從Excel摘錄如下。

・4人……308日圓～1,092日圓（參考）
・40人……576日圓～824日圓
・400人……661日圓～739日圓

```
200   300   400   500   600   700   800   900   1,000  1,100 (日圓)
```
308 ████████████████████████████ 1,092 **4 人**
576 ████████ 824 **40 人**
661 ██ 739 **400 人**

 果然樣本數增加，可以更縮小區間範圍啊。看看公式，

$$1.96 \times \frac{標準差}{\sqrt{資料數}} \quad ←分母變大＝接近0$$

樣本平均數−0≦ 母體平均數 ≦ 樣本平均數+0 ➡ 母體平均數 ≒ 樣本平均數
樣本數越多，分數的部分越接近0。也就是說「樣本平均數≒母體平均數」。

 原來是這樣啊。雖然我直覺也認為樣本數越多，樣本平均數就會越接近母體平均數，看了公式就可以更明確了解了。

7 信賴係數 99%時的區間估計

現在我們已經會推論有95%的機率，「母體平均數會落在這個範圍內」。接下來把機率提高到99%來試試吧。

 接著就順便來算算99%的情形吧。因為只要慢慢增加不同模式的經驗，就會越來越有自信了。

 是啊。而且要把區間估計的機率由95%提高到99%，其實只要把公式中的1.96倍（95%）變更為2.58倍（99%）即可。我們用圖形來確認一下吧。

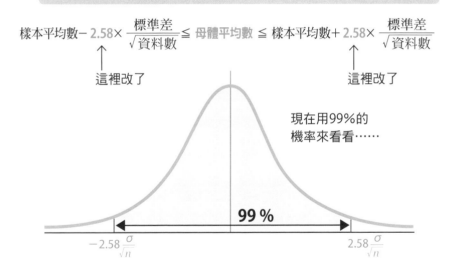

$$樣本平均數 - 2.58 \times \frac{標準差}{\sqrt{資料數}} \leq 母體平均數 \leq 樣本平均數 + 2.58 \times \frac{標準差}{\sqrt{資料數}}$$

這裡改了　　　　　　　　　　　　　這裡改了

現在用99%的機率來看看……

99%

$-2.58\frac{\sigma}{\sqrt{n}}$　　　　　　$2.58\frac{\sigma}{\sqrt{n}}$

〈例題〉請估計日本上班族的午餐平均花費。4人、40人、400人的三種情形，平均數都是700日圓。母體（假設為常態分配）標準差也是400日圓。請以99%的機率區間估計日本上班族午餐平均花費。

條件和前面完全相同，只是把機率由95%變更為99%而已。算式如下。

$$\text{樣本平均數} - 2.58 \times \frac{\text{標準差}}{\sqrt{\text{資料數}}} \leq \text{母體平均數} \leq \text{樣本平均數} + 2.58 \times \frac{\text{標準差}}{\sqrt{\text{資料數}}}$$

要代入這個算式的數值如下。

· 樣本平均數＝700日圓

· 母體標準差＝400日圓

· 資料數（樣本數）＝4人、40人、400人三種情形

實際的計算就交給Excel。結果如下所示。

	A	B	C	D	E	F	G	H	I	J	K
1	95%的信賴區間時										
2	4人		區間		4人		區間		4人		區間
3	樣本平均數	700	184		樣本平均數	700	537		樣本平均數	700	648
4	（母體）標準差	400	～		（母體）標準差	400	～		（母體）標準差	400	～
5	資料數	4	1216		資料數	40	863		資料數	400	752

比較上一節95％的結果，如下所示。

（95％的機率）　　　→　（99％的機率）

4人　……　308日圓～1,092日圓　→　184日圓～1,216日圓

40人　……　576日圓～824日圓　→　537日圓～863日圓

400　……　661日圓～739日圓　→　648日圓～752日圓

樣本數由4人，增加到40人、400人，不論是95％或99％的機率，估計的區間都會越來越窄（越來越準確）。反之，機率由95％提高到99％時，區間會變寬。

這裡的95％、99％的機率，就是所謂的「**信賴係數**」，而在信賴係數下的區間，也稱為「**信賴區間**」（參閱下一頁上圖）。

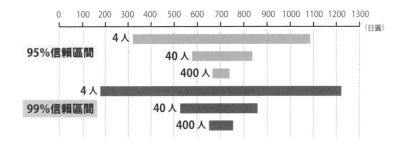

　　請看下圖。這次我們用的是4個人的資料（370日圓、650日圓、700日圓、1,080日圓），如果再找4個人收集資料（假設是430日圓、600日圓、860日圓、920日圓），甚至是再找另外4個人（520日圓、770日圓、810日圓、1,020日圓），繼續收集好幾次資料，就可以計算出每次的95%（或99%）的信賴區間。

　　這麼一來，我們就可以取得許多的樣本平均數，可以預測在區間估計推論出的眾多信賴區間中，大約有95%的信賴區間，其中「包含母體平均數（μ）」，大約5%的信賴區間，其中不包含「母體平均數」。

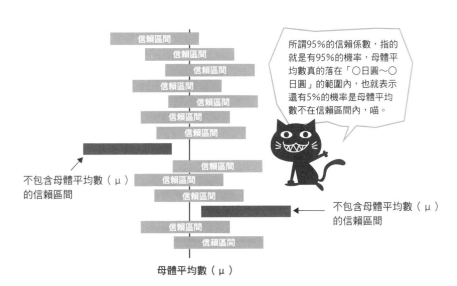

8　t 分配、χ^2 分配

除了常態分配之外，估計也會使用其他的分配，也就是 t 分配、χ^2 分配。什麼場合會用到這些分配呢？以下簡單說明一下。

到上一節為止，本書介紹了用樣本資料平均數來估計母體平均數的方法。即使樣本數少，只要知道母體為常態分配及其標準差（母體標準差），就可根據「樣本平均數的分配」進行區間估計，說「有95％的機率會落在○～○的範圍內」（有5％的可能性不在範圍內）。

▶ t 分配上場

但是這種做法有一個重要的大前提，也就是「標準差（母體標準差）已知」。仔細想一想，其實還蠻不可思議的，「連母體平均數都不知道了，怎麼會知道母體標準差呢？」因為要計算母體標準差，原本是在知道母體平均數後，才能接著計算母體變異數、母體標準差。

如果不知道母體標準差（這是正常狀況）時，又該如何是好呢？此時**只要知道「母體為常態分配」**，就可以利用和常態分配極為相似的「t 分配」。t 分配的分配圖形如下所示，以資料數來說，30筆資料以下時，圖

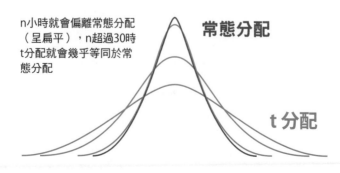

n小時就會偏離常態分配（呈扁平），n超過30時t分配就會幾乎等同於常態分配

常態分配

t 分配

形比常態分配扁平，資料數超過30，圖形就幾乎和常態分配一樣。

　　本書不詳細介紹 t 分配。不過一般不知母體標準差的情形，且樣本數相對較少，但母體為常態分配時，就會用t分配來估計母體平均數（信賴區間）。步驟則和前面介紹的步驟幾乎一樣。

▶ 用 χ^2 分配「估計母體變異數」

　　前面說明的內容都是「估計母體平均數」，但需要估計的數值其實不只有平均數。其他像估計母體變異數時，則會使用 χ^2 分配（Chi-square distribution）。

　　常態分配和 t 分配是左右對稱的分配，但 χ^2 分配的形狀，則類似冪次分配。

　　總而言之，本書不會詳談 t 分配、χ^2 分配，不過內容其實大同小異。

　　接下來要具體說明的是「收視率」，也就是一種母體比率。

9 如何估計收視率？

我想大家已經大致知道用樣本估計母體平均數的方法了。接著來挑戰母體比率吧。我們用具體的收視率來說明。

電視界的收視率戰爭極其慘烈，據說1%的收視率差異就會出現有人歡樂有人愁的局面。以日本總家戶數（5,100萬戶）來看，1%的差異就相當於是51萬戶的差異，對廣告主來說可是一件大事呢。

不過即使是在首都圈（1,800萬戶），收視率也不過是根據900戶資料估計出的結果。1,800萬戶中的900戶——這種情況下，收視率又有多少精確度（誤差）呢？探討收視率就會了解必要的問卷回收數量。

▶ 調查結果收視率10%時的誤差是？

收視率可以用以下的公式求得（95%的區間估計）。公式中的 p 是調查出的收視率，n 是抽樣戶數（件數）。

$$p - 1.96 \times \sqrt{\frac{p(1-p)}{n}} \leq \text{收視率} \leq p + 1.96 \times \sqrt{\frac{p(1-p)}{n}} \quad *44$$

而收視率的誤差（樣本誤差）則是上述公式中不含 p 的部分。

$$-1.96 \times \sqrt{\frac{p(1-p)}{n}} \leq \text{樣本誤差} \leq +1.96 \times \sqrt{\frac{p(1-p)}{n}}$$

如果現在調查的戶數為900戶（如首都圈等），則 $n=900$。調查結果收視率為10%、15%、20%時，代入此公式用Excel計算，即可得出以下結果。

---

*44　本公式中根號內原本應該是以下內容。

$$\sqrt{\frac{N-n}{N-1} \times \frac{p(1-p)}{n}} \quad （N為母體數量，n為抽樣的樣本數量）$$

像母體為100,000、樣本數為100這種情形，左側分數部分■會接近1，所以一般會忽略左側■的分數部分，只利用右側■的分數部分。

	A	B	C	D	E	F
1	■計算收視率					
2	900戶		收視率調查結果		區 間 估 計	
3	n=	900				
4	p=	0.1	10%	8.04	～	11.96
5	p=	0.15	15%	12.67	～	17.33
6	p=	0.2	20%	17.39	～	22.61
7						
8	600戶		收視率調查結果		區 間 估 計	
9	n=	600				
10	p=	0.1	10%	7.60	～	12.40
11	p=	0.15	15%	12.14	～	17.86
12	p=	0.2	20%	17.39	～	22.61

這樣看來如果是900戶的收視率調查結果為10%，在95%的信賴係數下，實際收視率（母體）的信賴區間為8.04～11.96%。對照收視率調查結果的10%，可知誤差不到±2%。

此外截至2016年10月為止，關東地區的調查對象為600戶[45]，所以這裡也以600戶為比較。如果收視率調查結果一樣是10%，在95%的信賴係數下，信賴區間為7.60～12.4%，約有0.4%的改善。

▶ 13%和15%，也有逆轉的可能性？

以900戶的收視率調查為例，當A電視台節目X的收視率為15%，B電視台同時段播出的節目Y收視率為13%時，加入信賴區間的觀點，現實中其實有逆轉的可能。

實際計算15%和13%的母體收視率，可知有95%的機率收視率會落入下圖的範圍內。看圖形就會發現重疊的部分出乎意料地大，雖然收視率調查結果有2%的差異（15%－13%），其實不過是「在誤差範圍內」，看圖即可了解到這一點。

---

*45　以Video Research公司為例。

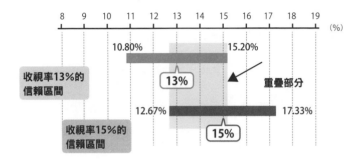

▶ 誤差如何決定？

看看收視率調查公式，可以看到有

$$\sqrt{\frac{\bullet\bullet\bullet}{n}}$$

的部分。n指的是調查戶數，所以n如果不是900，而是100倍的9萬戶的話，根號的計算結果就會變成10分之1。比方說以9萬戶為對象時，收視率調查結果10%時的信賴區間就是「9.80%～10.20%」，誤差一口氣就縮小了。這麼一來，幾乎可說結果零誤差。

	A	B	C	D	E	F
1	■計算收視率					
2	90,000戶		收視率調查結果	區 間 估 計		
3	n=	90,000				
4	p=	0.1	10%	9.80	～	10.20
5	p=	0.15	15%	14.77	～	15.23
6	p=	0.2	20%	19.74	～	20.26

問卷回收幾份才行？

站在問卷調查者的立場，最關心的就是「收回多少份問卷，信賴係數為何」。接下來用收視率的「樣本誤差」來說明。

▶ 是比率還是實數？

首先先看收視率的問題。

〈例題〉目前X國有1,000萬戶，要用1,000戶的資料調查收視率。Y國有6,000萬戶，用1,200戶的資料調查收視率。那一國的調查結果誤差較小？

（解答）X國是1,000萬戶抽出1,000戶（1萬戶中抽出1戶），Y國則是6,000萬戶抽出1,200戶（5萬戶中抽出1戶），這樣看來好像X國的誤差會比較小。

可是實際算出來Y國的誤差反而比較小。這是為什麼呢？

因為談的是收視率，請大家回頭看看上一節的公式（184頁的樣本誤差）。看看這個公式，可以知道不同的部分只有調查戶數（n）和收視率（p）。

$$- 1.96 \times \sqrt{\frac{p(1-p)}{n}} \leqq 樣本誤差 \leqq + 1.96 \times \sqrt{\frac{p(1-p)}{n}}$$

也就是說，不論是紐西蘭的133萬戶，或是日本的5,100萬戶、中國的2億7,700萬戶，誤差和一個國家的總戶數無關，由「調查戶數」的多少來決定。

▶ 由回答數而非回答率決定

不只是收視率，問卷回收也一樣，幾乎都和母體的抽樣比率無關。

序章也曾提到，全日本有約400萬家法人，只要收集到400家的回答，不論母體是400萬家還是30萬家，其實幾乎沒有影響。問卷中的問題得到15%的回答者（相對於收視率調查結果15%），其誤差和400家（相對於收視率調查900戶）有關，得到10%支持者，其誤差接近±3%，如果是800家則是±2%左右（下表）。

	A	B	C	D	E	F
1	■計算問卷回答誤差					
2	400份回答		收視率		區 間 估 計	
3	n=	400				
4	p=	0.1	10%	7.06	~	12.94
5	p=	0.15	15%	11.50	~	18.50
6	p=	0.2	20%	16.08	~	23.92
7						
8	800份回答		收視率		區 間 估 計	
9	n=	800				
10	p=	0.1	10%	7.92	~	12.08
11	p=	0.15	15%	12.53	~	17.47
12	p=	0.2	20%	17.23	~	22.77

公式看起來很煩，可是若有興趣地看下去，有時也會有出乎意料之外的發現。

過去我每個月都在資料專業月刊做問卷調查，每次大概會得到350～800家公司的回答。有一段時間我也在想，「用這樣的回答數去分析，誤差會不會很大？」因為我不知道做到什麼程度，會有多少可信度。如果當時的我有這些知識，說不定就不會有這種擔憂，可以更有自信地解析趨勢也說不定。

Student t 分配

「t 分配」是英國數學家威廉‧戈塞（William Sealy Gosset，1876～1937），於西元1908年所提出。

當時**戈塞**是健力士啤酒公司（Guinness，也就是以「金氏世界紀錄」聞名的健力士公司）員工，該公司為了保密，禁止員工發表論文。因此戈塞只好用「學生（Student）」為筆名投稿。結果英國統計學家費雪（Ronald Aylmer Fisher）極為看重他的論文，將他提出的分配命名為**「Student t 分配」**。

戈塞

統計分析時最好能收集到所有資料，可是這種做法不切實際。那麼退而求其次，就是儘量收集越多越好的樣本。這是因為預測「樣本資料越多，大概會越接近原始的全部資料（母體）吧」。500筆資料比20筆、2萬筆資料比500筆更可信吧。

19世紀末的英國統計學家卡爾‧皮爾生（Karl Pearson，1857～1936）也認為「**大量收集樣本資料，是分析時不可或缺的條件**」。

然而常出入皮爾生研究室的戈塞（當時仍是健力士啤酒公司的員工），卻有不一樣的想法。對他來說，他在意的是「**用少數樣本進行科學推論**」。

因此他提出了「t 分配」。如下一頁的圖所示，t 分配是接近常態分配的曲線，但卻有些不同。所以當樣本數少時以 t 分配取代常態分配，當樣本數多到一定程度後，實務上 t 分配和常態分配沒什麼差異。t 分配就是這種資料數量少時也可使用的機率分配曲線。

比較二者圖形可知，大約在30筆資料時常態分配和t分配幾乎相等，然

後資料數越多，二者就越趨近一致。

　不過前面也提到過，戈塞「即使樣本少也可盡可能正確估計的方法」的想法，和當時皮爾生「重要的是盡可能收集越多越好的資料」的想法，可說是南轅北轍，所以皮爾生完全不認同戈塞的想法和論文。

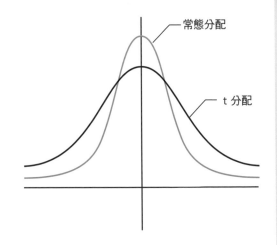

　反倒是皮爾生的死對頭費雪發現了戈塞（筆名Student）論文的優秀，這一點實在有點諷刺。

　最後要引用一段費雪的名言。

「有關此檢定（註：指的是"Student"的t檢定）更進一步的各種應用詳細說明，以及用於本檢定的表，都如Statistical Methods for Research Workers所示。此檢定的創始人以假名"Student"匿名發表，他其實不是數學專家，只是一位科學家，但他年紀輕輕就勇於對古典誤差論提出如此革命性的精密化改革，這一點足以證實他有多麼出類拔萃。」

（取自森北出版《實驗設計法（原文書名The Design of Experiments）》）

第6章

先假設，再用機率判斷正確與否！

推論統計學第二根支柱就是「假設檢定」。相關想法、邏輯很獨特，也有些不易了解之處，因此本章幾乎不教大家計算，主要是教大家理論、概念。

學會假設檢定的概念、了解拒絕假設的誤差其實是一種取捨等，這些理論概念其實對日常行為也有所幫助。

假設檢定的始祖是品茶婦人？

這裡要接著說明序章介紹的「分辨奶茶口味」（P23）的小故事。也就是可以分辨一杯奶茶是「先倒紅茶再倒牛奶」，還是「先倒牛奶再倒紅茶」——的婦人的故事。

▶ 先倒紅茶還是先倒牛奶——原始出處是怎麼寫的呢？

品茶婦人的故事在統計學界可謂無人不知無人不曉，可說是思考統計學「假設檢定」的絕佳事例，所以我覺得最好再來復習一下這個故事。

只是「這位婦人到底是不是真的可以分辨口味差異呢？」這件事看起來好像蠻重要，其實原本重點根本不在這裡。因為「哪一種奶茶比較好喝」，這是個人喜好的問題。

問題在於「**這位婦人說的是真是假？如何才能客觀地分辨？要想出分辨的方法。**」（從這個角度來說，結論可能變成是要分辨口味）。

回歸原點很重要，原書中是這樣寫的。

「有位婦人主張她可以分辨出一杯奶茶是先將紅茶還是先將牛奶倒入杯子中。我們決定設計一個實驗來驗證她的主張是真是假。因此為了研究實驗的極限和特性，一開始我們想用一個簡單的形式進行實驗。在這些極限和特性下適當地實驗時，有些要素對實驗方法本身來說是本質性的要素，也有非本質僅為輔助的要素。」

（《實驗設計法（原文書名The Design of Experiments）》，羅納・費雪，森北出版）[46]

II

THE PRINCIPLES OF EXPERIMENTATION,
ILLUSTRATED BY A PSYCHO-PHYSICAL
EXPERIMENT

5. Statement of Experiment

A LADY declares that by tasting a cup of tea made with
milk she can discriminate whether the milk or the tea
infusion was first added to the cup. We will consider
the problem of designing an experiment by means of
which this assertion can be tested. For this purpose
let us first lay down a simple form of experiment with a
view to studying its limitations and its characteristics,
both those which appear to be essential to the experi-
mental method, when well developed, and those which
are not essential but auxiliary.

Our experiment consists in mixing eight cups of
tea, four in one way and four in the other, and presenting
them to the subject for judgement in a random order.

▷ **第1幕──可以連續猜中嗎？**

接著就要來想一些可行的方法。前二個方法是我用自己的常識想出的方
法，第三個則要介紹費雪他是怎麼做的。

首先想到的判定方法，就是「這杯是先倒紅茶。這杯是先倒牛奶」，**這
位婦人可以連續猜對幾杯呢？**

隨便猜猜也有1/2（50％）的機率會猜中。所以就算說中1、2杯紅茶
（1/4），也無法據以判定真偽。如果連續說中3杯，機率就是

$1/2 \times 1/2 \times 1/2 = 1/8（12.5％）$

還有10％以上的可能性是瞎貓碰上死耗子。可是連續說中4杯的機率
是6.25％，連續說中5杯就是3％多，機率已經低於5％了。

＊46 這本書已「絕版」，如有需要可上亞馬遜網路書店找中古書。另外在網路上搜尋「The Design of
Experiments」，也可以免費取得部分英語版的PDF檔。品茶婦人的故事的段落如上圖所示。

第
6
章

先假設，再用機率判斷正確與否

連續4杯…1/2×1/2×1/2×1/2＝1/16（6.25%）

連續5杯…1/2×1/2×1/2×1/2×1/2＝1/32（3.125%）

1/2　　　1/4　　　1/8　　　1/16　　　1/32

　　到了這種程度，應該就有人會相信品茶婦人的話了，「如果她是亂猜的，要猜中的機率是5%以下，真的不容易，如果說是瞎貓碰上死耗子也太少見了，說不定她真的分得出口味不同？」

　　就一般人的感覺來說，可以分辨一杯奶茶沖泡時，是「先倒紅茶，還是先倒牛奶」的主張，實在有些令人難以置信。可是如果在婦人身上感受到值得信賴的要素，認同「可以分辨」的說法也不奇怪。

　　這種時候我們可以做出相反的假設。也就是先假設「婦人在說謊，她無法分辨」。即使如此，如果她真的連續說中好幾杯，就可以做出「婦人無法分辨」的假設本身可能有誤，亦即導出「婦人真的可以分辨」的結論。

　　另外哪種程度的機率算是「稀有」、「少見」，並沒有特別的「科學指針」來設定，全仰賴人的感覺和業界狀況而定。如果判定的機率是「5%以下」，那麼以品茶婦人的例子來說，「瞎貓碰上死耗子」的可能性落到5%以下的「連續說中5杯（3.125%）」時，大家就會認同她說的是真的了。

　　這麼想來，擲銅板出現正反面的機率也各是1/2（受偶然左右）。「老是出現正面的銅板應該是假銅板」的邏輯就是這樣來的。

正面　反面　正面　正面　……

▶ 第2幕——如果10次中說中9次呢？

除了「連續說中」的方法以外，還有沒有其他方法可以判斷實力呢？因為連知名的書法家弘法大師都可能寫錯字了，只要是人就有可能犯錯。很有可能明明婦人有分辨口味的能力，可是卻因為感冒，味覺不靈敏而無法連續說中。

那麼比起「一次失敗就判出局」的方式，讓婦人試味道十次，「只要說中X次以上，就表示她真的可以分辨」的方法如何呢？我想這種方式比「連續五次瞎貓碰上死耗子說中」，更能判定實力。例如沖泡十杯奶茶，計算婦人分辨出的次數（0次～10次），再用機率來判定的方法。

這方法也和擲硬幣一樣。擲十次全出現反面（正面0次）的機率是 0.10% [*47]，正面出現一次的機率是 0.98%，出現二次的機率是 4.39%……。以相當於前面「連續五杯」的「5%以下來看」，8～10次為 5.47%，只比5%多一點點。所以用這個方式來看，10次中不說中9

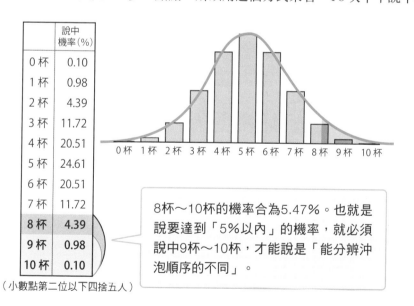

	說中機率(%)
0 杯	0.10
1 杯	0.98
2 杯	4.39
3 杯	11.72
4 杯	20.51
5 杯	24.61
6 杯	20.51
7 杯	11.72
8 杯	4.39
9 杯	0.98
10 杯	0.10

（小數點第二位以下四捨五入）

8杯～10杯的機率合為5.47%。也就是說要達到「5%以內」的機率，就必須說中9杯～10杯，才能說是「能分辨沖泡順序的不同」。

[*47] 正確來說，出現0次的機率是0.09765625%，出現一次的機率是0.9765625%等。

次以上，就不是「5％以內」的珍稀例子，所以門檻很高（9次以上，1.98％）。

結果婦人針對十杯沖泡好的奶茶，必須說中9杯以上，才會被認同她真的可以分辨，「知道沖泡的先後順序」。採用這個方法時，如果婦人要胡亂猜中9杯以上，就必須有如神助般地「矇對」才行。

▶ 不能後來再加入「基準線（Line）」

設定基準線時不能用像是「說中越多越好」這種模糊不清的基準。因為夠不夠多的判斷會因人而異，所以應該儘量避免。

這是因為實驗結束後，對方很可能說「10次中我說中6次，已經超過一半了，請判定為『說中很多』。」因此一開始就應該用「數值」來決定要以哪種程度的機率，做為「判斷正確與否的機率基準」。

統計學中將「5％以內」視為一個基準線，但在醫學、藥學等必須極其精準的業界或業務，可以視工作設定不同的比率。因為這終究是人為決定的基準線，並非絕對。

另外即使10次全部說中，是不是就真的「可以分辨口味」呢？那就「只有天知道」了。（請參閱本章第五節）

費雪自己認為，「不管如何選擇，都無法消除所有因偶然一致而造成的效果」，並表示「『1000萬次中1次』的事件，不論**在我們眼前**（底線引用原本譯文）發生時會讓我們多麼震驚，該事件都的確會按照其固有機率發生，不會多也不會少」（取自《實驗設計法（原文書名The Design of Experiments）》）。

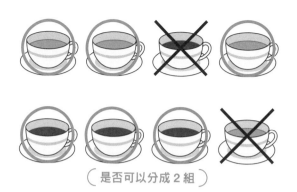

（ 是否可以分成 2 組 ）

▶ **第3幕──費雪用的是什麼方式？**

最後提出這個問題的費雪本人，用的又是什麼方法呢？他準備了4杯先倒入紅茶的奶茶、4杯先倒入牛奶的奶茶，總共8杯奶茶，然後隨機（Random）提供給婦人。事先向婦人說明要請她品嚐8杯奶茶，其中先倒入紅茶的有4杯，先倒入牛奶的也有4杯，然後請她把8杯奶茶的茶杯，按沖泡順序分成2組。

8杯奶茶中選出4杯，所以選擇方法一開始有8種，其次是7種、6種、5種，所以有$8 \times 7 \times 6 \times 5 = 1,680$種選擇方法。不過這4杯並沒有排列順序的問題（4杯的排列順序為$4 \times 3 \times 2 \times 1 = 24$種），扣掉順序的影響，則有$1,680 \div 24 = 70$種。

在這70種選項中，只要精準選出其中1種即可，這就是費雪的想法（相當於1.4%）。但費雪並未提到婦人最後的選擇結果。

下一節要來看看假設檢定的流程、獨特的邏輯。

② 什麼是假設檢定？

建立某個假設，如果假設正確，就相當於「就機率來看，發生幾乎不可能發生的事了！」從而否定假設，採用相反的假設——這就是假設檢定大致的內容。

▶ 否定一開始的假設

有人說，「假設檢定是統計學最難的部分」。這可能也是因為這是一種獨特的邏輯，不習慣的話就很難理解。不過上一節「品茶婦人」的故事，幾乎就可說是假設檢定的事例，所以原本並不是什麼複雜的大道理。這一節就來說明假設檢定的概要。

所謂「**假設檢定**」，就是「建立某假設 X 時，**如果假設 X 正確，就相當於發生了機率上幾乎不可能發生的奇事**，因此假設 X 很可能是錯的」。也就是否定一開始的假設 X，而接受剩下來的假設 Y 的邏輯。

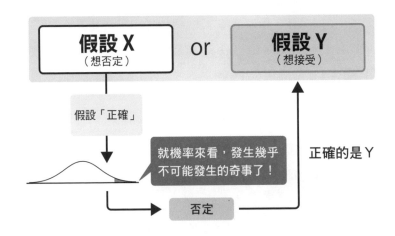

不過用假設 X、假設 Y 來說明，還是太過抽象，所以以下用比較具體的例子來說明。

例如現在有人在賭擲銅板的結果會出現正面還是反面。一般來說，**擲銅板出現正面、反面的機率各是1/2**。

　此時莊家說，「我每次都賭出現『反面』。我贏的機率不過是1/2。有沒有人要跟我對賭，賭會出現『正面』？一次100日圓。好吧，賭『正面』的贏家，獎金是賭金3倍的300日圓。怎麼樣？有人要試試嗎？」

　等到賭局開始，不知為何連續三次都出現反面，莊家一直贏，這麼一來大家一定都會覺得「很奇怪」吧。

▶ **如何表示「出現極稀有的奇事」呢？**

　你也覺得「奇怪」，可是如何證明呢？就算你直接了當地對莊家說，「這枚銅板是不是有問題？」莊家一定會說「這位客人，你也太失禮了吧。擲銅板出現正反面的機率雖說各是1/2，但卻不是一定照『正、反、正、反……』的順序出現啊。像我一輩子都在擲銅板，所以我知道連續三次出現反面，其實很平常，根本算不上是什麼偶然的狀況哦」。

　莊家說的沒錯。不過銅板有沒有問題，那又是另一回事了。所以我們換個方向來進攻。

第 **6** 章　先假設，再用機率判斷正確與否

199

首先因為你懷疑「這枚銅板應該有問題」，想要驗證這件事。此時我們把想驗證的想法（這是有問題的銅板！）稱為「**對立假設**」。為什麼說是「對立」，後面大家就會了解。

其次針對你的想法（對立假設），莊家主張「才沒有這回事。這是一般的銅板」。對你來說，你想儘可能地推翻這個假設。這種想推翻的主張就稱為「**虛無假設**」。「虛無」就是「不行、徒勞無功」的意思，也就是「一開始就覺得驗證會失敗的假設」。

> ・想主張的假設＝對立假設
> ・想拒絕的假設＝虛無假設

此時只有「沒有問題的銅板、有問題的銅板」這二種選項，所以「有問題的銅板」的說法，立場和「沒有問題的銅板（虛無假設）相反」，所以被稱為「對立假設」。

虛無假設、對立假設這些名詞，都不是日常常用的名詞，但如同上面的例子所示，內容並不艱深・

不過看看上一頁的小標寫著「▶出現極稀有的奇事」，也就是說「奇事＝機率很小的事」，於是我們發現「只要能出示客觀的機率（數字），就可以解決了」。

▶ **顯著水準、拒絕域和危險率**

以下就是重點了。

> 要事先用數值（機率）決定「極為稀奇、稀有」的基準線

也就是用具體的「數值（機率）」，事先決定什麼是「極為稀有」的例子。如果不這麼做，就會出現「大概可說顯著」或「可能是稀有的例子」

等模糊不清的表現，無法確定到什麼程度算顯著，從什麼程度開始不算顯著（普通的範圍）*48。上一節品茶婦人的例子中，連續說中8次以上的機率為5.47%。一開始就先定好「5%以下」的基準，所以「8次」還不夠，必須要是「9次以上」才行。如果一開始沒有決定一個明確的數字，那麼可能就會出現「連續8次就只有5.47%的機率了，應該夠了吧」的判斷。

而且這些場合中常常存在著利害關係，因此數值顯示、管理更為必要。

只要結果比事先決定的數值（機率）更小，**就應該不能說是「偶然」、「巧合」，而是某種必然的「有意（顯著）」**——所以這條基準線（機率）就稱為「**顯著水準**」。

只要達顯著水準，因為「如果假設正確，就表示發生不自然的稀有奇事」，因此推翻「一開始的假設（虛無假設）」。統計學上把推翻假設稱為「**拒絕**」，所以比基準線更稀有的方向（極為少見的領域）就稱「**拒絕域**」。

拒絕域（亦即顯著水準）一般都定為5%（也就是說只要進入95%以內，就判斷為「不能說稀有」），也有些狀況會定為1%。

然而不論是5%或1%，都還是可能犯錯，所以在這種狀況下的錯誤，就稱為「**危險率**」。

統計學用數值定出合理的判斷基準，但永遠有5%（或者1%）例外的可能，使用時必須認知到有這種危險性。

---

*48　公司、大樓防災組織等在編製緊急手冊時，如果只寫著「發生大地震時，主管要給予各部門適當的指示……」，這種模糊不清的表現方式，會導致緊急狀況時的行動亂七八糟。此外即使寫著「震度6以上」，如果不寫明「哪裡的震度6」、「誰公布的震度6」，也很難採取統一的行動。所以必須有明確的記載，如「氣象廳公布本社所在地（千代田區麴町）的震度為6以上時，就在○○集合」。

什麼是單尾檢定？雙尾檢定？

即使決定用95%檢定，仍有二種決定拒絕域的設定方法，是否拒絕有時會因拒絕域的設定而異。

▶ 很有利的單尾檢定

 前輩，我有個問題……。看了前面的說明，我知道如果是常態分配曲線的「95％」，一定是中央95％的大面積（機率），**超出這個範圍的部分落在兩側**。可是品茶婦人的直方圖看起來卻只有右側是拒絕域耶。

 被妳發現了啊。假設檢定決定拒絕域時，有二種方法，亦即設定在常態分配兩側的「**雙尾檢定**」，和只設定在單側的「**單尾檢定**」。

 這叫做單尾檢定啊。不過看看品茶婦人的單尾檢定，如果是要拒絕虛無假設，用雙尾檢定不是比較有利嗎？

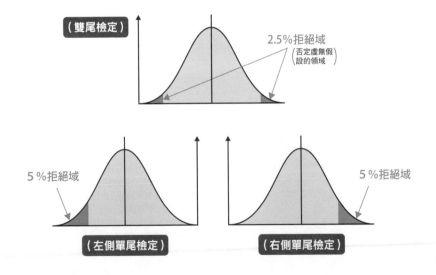

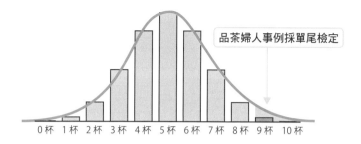

品茶婦人事例採單尾檢定

0杯 1杯 2杯 3杯 4杯 5杯 6杯 7杯 8杯 9杯 10杯

也就是比較容易接受對立假設啊，難道我的想法錯了嗎？

 妳沒有錯，妳很聰明。雖然一樣是「5%的拒絕域」，如果是單尾檢定，只要落入「5%」範圍內就可以拒絕虛無假設。但如果是雙尾檢定，就必須進入左側或右側的2.5%範圍內，才能拒絕虛無假設，所以比較不利。

假設判定虛無假設時，結果位於由右邊算起3.5%的位置，此時如果採雙尾檢定，就未進入2.5%的範圍內，所以無法拒絕虛無假設，不能接受對立假設。但如果採用的是5%的單尾檢定，那就不一樣了。3.5%的位置會進入拒絕域，所以拒絕虛無假設，如願接受對立假設。相較於雙尾檢定，單尾檢定的嚴格程度只有一半，這一點其實蠻關鍵的。

 這樣不是太狡猾了嗎？或者說大小眼？這樣不會影響統計學的公平性嗎？

 假設檢定時當然不能想怎樣就怎樣，不能任意選擇要用雙尾還是單尾檢定。要用哪一種檢定，端視虛無假設的建立方法、條件而定哦。

▶ 以藥品為例

 例如新藥開發時，有二種可能。
一種就是新藥比現有藥品更有效。此時只要說明「優越性」，也就

是「新藥X比現有藥品Y更有效」即可，所以只要進行單尾（右側）檢定即可。

原來如此。那麼品茶婦人的例子也沒必要檢定「全沒說中」的情形了。

品茶婦人的例子的確如此。另一個例子則是藥品的不劣性試驗。也就是現有藥品非常有效，新藥的優點則是副作用少，所以新藥的藥效不需要超越現有藥品，只要不要太差即可（不劣性）的情形。不劣性試驗則必須考慮到是否沒有比較差，所以最好進行雙尾檢定。

雙尾檢定、單尾檢定的判斷，還真不容易耶。

4 假設檢定的步驟

只要理解假設檢定的概念，接下來只要按照步驟進行檢定即可。所以這一節就要為大家整理檢定的步驟。

　　在還不熟悉假設檢定的概念、邏輯時，必須多方思考，可是只要學會假設檢定的概念，之後只要按照以下步驟進行，就可以得出結論。這裡來複習一下假設檢定的流程。

① 建立對立假設

這是容易出現反面的不公正銅板

└ 想要接受這個假設

② 建立虛無假設

這是正反面出現機率各為 1/2 的公正銅板

└ 為了否定而建立的假設

③ 假設虛無假設正確

計算此時的理論值

0次	1次	2次	3次	4次	5次	6次	7次	8次	9次	10次
0.10	0.98	4.39	11.72	20.51	24.61	20.51	11.72	4.39	0.98	0.10

④ 設定顯著水準

設定為 5%

⑤ 考慮對立假設來設定拒絕域

認為「容易出現反面」，所以採單尾檢定

單尾檢定

⑥ 根據實際資料判斷

實際測試後真的比較常出現反面時

接近1/2時

⑦ 拒絕域內

── 虛無假設 ──
➡ 接受對立假設

⑦ 拒絕域外

➡ 接受虛無假設
── 對立假設 ──

5 檢定時要小心二種誤差

檢定做出的判定，絕對不是百分百正確無誤。所謂的「5%顯著水準」，反過來說就是有「5%的危險率」，所以必須有所覺悟，因為最高可能有5%的錯誤機率。此時存在二種不同的誤差。

▶ 「冒失鬼」弄錯真偽

就像本節開宗明義提到的，假設檢定的結果並非一定百分百正確，反而可說是「經常潛藏著弄錯的危險」。如果要判斷銅板真偽，只要能無限次地一直擲下去，應該就能分辨出是「真銅板」還是「假銅板」吧。

可是就像品茶婦人的例子一樣，我們能夠實驗的次數有限，必須根據實驗的結果做出判斷。因此「如果虛無假設正確，就表示發生了稀有的奇事（機率5%以下等）」。所以拒絕虛無假設，接受對立假設時，有時候也可能有「虛無假設其實是正確的」情形。

像這種「虛無假設明明正確，卻被判定為不正確」而遭拒絕，亦即「**明明正確（是真的），卻以為不正確**」的出錯狀況，就稱為**型一誤差**（α 誤差）。也就是「冒失鬼」做出的判斷。α 誤差的 α 相當於英文的A，和「冒失鬼（Awatenbou）」的第一個音一樣 ，是一個容易記憶的小技巧。

請大家想想安檢的情形，應該比較容易了解型一誤差。

假設我們打造出完美的安檢系統，「絕對不放偽裝者進入」，只有和本人的大頭照完全一樣的人才能通過安檢。

此時即使是「本人」，但可能因為感冒或發福了，而被安檢系統認定為「你不是本人！」，結果進不去（結果還是不完美）。這是因為安檢過於嚴格而發生的錯誤。

冒失鬼

糊塗蟲

本人　　　冒牌貨

如果發生型一誤差，就會遇到許多倒霉事，像是明明是本人卻被認為「可疑」，明明無罪卻被當成犯人等。

▶「糊塗蟲」放過非本人

也有相反的例子。也就是「虛無假設明明是錯的，卻未被捨棄」，亦即錯把「**錯的當成對的**」的例子，這就稱為**型二誤差**（β誤差）。也就是「糊塗蟲」做出的判斷。β誤差的β相當於英文的B，和「糊塗蟲（Bonkuramono）」的第一個音一樣，這也是個容易記憶的小技巧。

請大家想想間諜電影的情形，應該比較容易了解型二誤差（也是安檢的例子）。最近不光是指紋認證，連虹膜認證都有人把別人的虹膜形狀做成隱形眼鏡，戴上後巧妙突破門禁管理。也就是**冒牌貨假裝是本人，而且還順利進入**。

就安檢系統來說，型二誤差也很讓人頭痛。這就相當於放走真犯人一樣。

▶ 危險率的增減是一種取捨

統計學檢定時，會把顯著水準設定為「5％」、「1％」來進行。當結果進入範圍內時，就拒絕虛無假設，接受對立假設。此時因為**5％顯著水準的基準而被捨棄的虛無假設，其實可能是正確的假設**。

也就是說這枚銅板其實真的是公正的銅板，可是檢定時卻有「5%」的可能性，偶爾「10次中9次」都出現「反面」……因此受到懷疑，被當成是「假銅板」，真是冤枉啊。

　　顯著水準又稱為「危險率」，也就是說「正確、不正確」的判斷有可能犯錯。為了減少型一誤差的可能，不能把顯著水準（危險率）設得太嚴格，可是這麼一來，卻又難以把假銅板真的認定為「假銅板」，可能誤以為假銅板是真的。

　　所以這裡唯一要說的是，顯著水準的設定是一種取捨關係，亦即「顧此失彼」。我們無法同時降低二種誤差的可能性。只要二種誤差之間存在取捨關係，就沒有完美的解決方案，只能視狀況來決定顯著水準。

番外篇

「人的直覺」其實一點兒也不可靠？

本書最後要用一些例子，告訴大家「直覺的答案」和「機率的答案（合乎邏輯的答案）」之間，差異出乎意料地大。看看這些例子，可以讓人更體會到機率、統計性思考的必要性。

獎品在哪邊？ 1/2 的機率？

因為美國一檔極受歡迎的電視節目，《蒙提．霍爾問題》在全美掀起一陣旋風。這個節目成功掀起「直覺理解」和「機率性思考」的大戰，讓大家注意到這個有趣的問題。

▶ 汽車藏在哪裡？

蒙提．霍爾（Monty Hall）是美國益智節目《Let's make a deal（我們成交吧！）》的知名主持人。這個節目從1963年一直播到1991年，27年內總共播了4,500集。

這個節目會邀請一位觀眾參加。觀眾面前有A～C的三扇門，其中一扇門後有獎品（汽車一部），另外二扇門後則是山羊（未中獎）。

假設參加節目的來賓是S小姐。遊戲規則很簡單，S小姐只要從A～C三扇門中任選一扇門，如果這扇門後有汽車，她就可以得到一部汽車。是一道三選一的問題。

假設S小姐回答「A」。蒙提就會打開剩下來的二扇門中的其中一扇，展示那扇門後並沒有汽車（有山羊）。假設蒙提打開的是「B」。**蒙提本人當然知道汽車在哪一扇門後。**

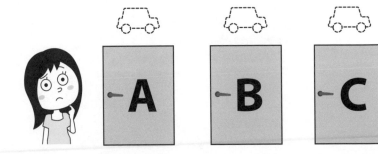

來賓回答「A」，蒙提打開了「B」，所以獎品一定藏在「A」或「C」的門後。這下子就變成二選一的問題了。

▶ 你可以換答案哦！

接下來就是這個遊戲獨特的地方了。蒙提會給參加者以下的建議。

「好的，S小姐。我給妳一個機會。妳現在也可以選擇『更換答案為C』。當然不換答案，『仍選A』也行。妳的決定是？」

如果是你，你會如何判斷呢？一開始有三扇門，其中一扇門已經被證實沒有獎品了。獎品就在剩下的二扇門中的其中一扇。二選一的問題，所以不論選A不換，或者把答案換成C，其實中獎機率都不變……。當然即使因為心境改變而決定改選「C」，以機率來看，應該都一樣吧……。

節目名稱《Let's make a deal》亦即「我們成交吧！」正是這個意思。

▶ 智商228的神諭

結果有一位女性瑪莉蓮莎凡（Marilyn vos Savant，美國人，1946～）[49]，一下子就讓這場爭論在美國境內一發不可收拾。瑪莉蓮莎凡正是第四章常態分配中介紹的「全球智商最高（228）的人」（P155）。350種報刊都刊登了這位名人的專欄＜Ask Marilyn（請教瑪莉蓮）＞，讀者數號稱達3,600萬人。1990年9月她的專欄刊登了以下內容。

「改變選擇的門，中獎機率會變成2倍」

對於她的說法，包含數學家在內，許多人都紛紛給她忠告：「瑪莉蓮，妳的說法是錯的」。到底誰說的才對？

---

[49] 有關《蒙提・霍爾問題》（Monty Hall Dilemma），當事人瑪莉蓮莎凡在自己的著作《THE POWER OF LOGICAL THINKING　沒注意到的數學陷阱》（中央經濟社）中，公開了包含信件往來內容等在內的真人署名詳細資料。在許多數學家群起撻伐莎凡「妳才是山羊！」時，更引人注意的是一封嘲諷意味十足的信件（寄信人為美國陸軍研究所某博士），信中提到「如果這些博士都是錯的，那這個國家的問題就大了」。這些信件都被公開了，所以這些博士們還真的蠻可憐的？

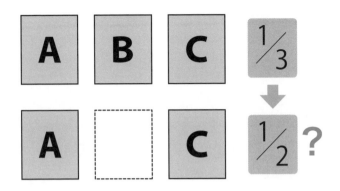

　　我們再回顧一下節目進行的方式吧。在主持人蒙提打開 B 門，證明「B 後面只有山羊（未中獎）」的階段，已經確定汽車不是在 A 門就是在 C 門的後面。一開始是三選一的問題，在此變成了二選一。

　　也就是說「原本的機率是 1／3，得到新資訊後機率變成 1／2」而已，所以換不換答案機率應該都一樣。這麼一來，瑪莉蓮的主張「改變選擇的門，中獎機率會變成 2 倍」，就是大錯特錯，瑪莉蓮在人們心中的形象就會因為「連這種問題都不會嗎？」而大打折扣。可是瑪莉蓮卻堅持自己的主張，雙方各說各話。

　　最後電腦模擬的結果，證實了「改變選擇的門，中獎機率會變成 2 倍」……。

▶ 用極端的事例來想就懂了！

　　結果如同瑪莉蓮的主張，看起來這場爭論好像告一段落了，可是問題鬧得這麼大，最後僅靠電腦來做出結論，實在無法讓人信服。有人就懷疑是不是因為「電腦早就知道正確答案」，才有這種結果？所以整個事件還是讓人如墮五里霧中。到底該怎麼想才好呢？

先來做個整理吧。參加者S小姐選擇A門，A中獎的機率是1/3。剩下的B、C門也各有1/3的中獎機率，所以S小姐未選擇的**「B、C門」合計有2/3的中獎機率**。

其次，主持人蒙提打開了他明知「未中獎」的「B門」。在這一瞬間，「B、C門」合計的2/3中獎機率全部變成了「C」的中獎機率（2/3）。如此一來：

　A：C＝1/3：2/3＝1：2

這就是「改變選擇的門，中獎機率會變成2倍」的思考邏輯。

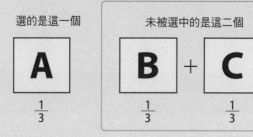

選的是這一個

未被選中的是這二個

| A | | B | + | C |

$\frac{1}{3}$　　$\frac{1}{3}$　　$\frac{1}{3}$

 我不同意。B和C各自的機率，為什麼在確知B未中獎時，就統統加到C上呢？

 不同意時就「用極端的事例來想」吧。

假設現在不是三扇門，而有100扇門。汽車就藏在其中一扇門後面。當S小姐指定1號門時，1號門的中獎機率只有1/100。有99/100的機率，「中獎」的門會在S小姐未選的「99扇門」中。也就是說，機率相差99倍。

 好像是這樣耶，我好像有一點懂了，請繼續。

 嗯。然後從S小姐未選中的99扇門中，一扇一扇地打開，「不在這裡，也不在那裡……」，總共打開98扇門。於是最後只剩下二扇

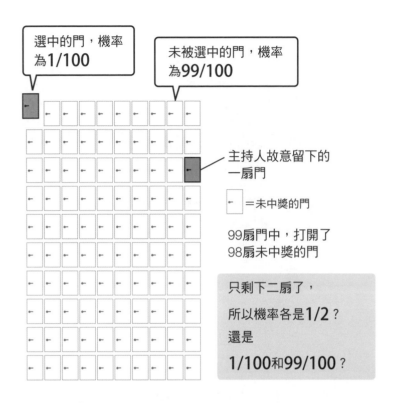

選中的門，機率為1/100

未被選中的門，機率為99/100

主持人故意留下的一扇門

 ＝未中獎的門

99扇門中，打開了98扇未中獎的門

只剩下二扇了，
所以機率各是1/2？
還是
1/100和99/100？

門，一是S小姐選的那扇門，二是主持人故意不打開的最後一扇門。此時剩下二扇門，因為是「二選一」，所以二扇門的中獎機率一樣嗎？還是S小姐選的那一扇門和最後剩下來的那一扇門，機率有99倍的差異呢？

 呵呵呵……。實在太驚人了，我知道「極端發想」的厲害了。

我再用個更極端的例子來說明吧。假設有一萬張卡片，其中只有一張會「中獎」，S從一萬張中選了一張。S中獎的機率是1/10,000。而剩下的9,999張卡片中有中獎那一張卡片的機率是9,999/10,000。然後主持人打開明知沒中獎的9,998張卡片，只留下一張。好了。S小姐選中的那張卡片，和主持人留下的那張，中獎機率各是1/2嗎？

我投降了。我打從心底同意「改變選擇的門，中獎機率會變成2倍」了。因為只有三扇門，反而讓我誤會了。

 直覺認為「正確」的解答，和邏輯推論後的「解答（正確解答）」是有區隔的。這正是一個典型的事例。

▶ 三個死囚的謬論

「三個死囚的謬論」也是類似蒙提・霍爾的問題。

監獄中有三位死囚（X、Y、Z）。有一天高層決定釋放其中一位死囚，但卻沒告訴死囚們哪一位可獲得釋放。不過看守的獄警好像知道誰會被釋放……。

這時候死囚X就發揮了他的小聰明，「三人中有一人會被釋放，也就是說除了我之外的Y、Z二人中，有一人一定不會被釋放。」所以他就向獄警說，「你就告訴我其中一位『不會被釋放的人』是誰嘛，反正說了也還是不知道誰會被釋放啊？」結果獄警也覺得「這倒也是」，就告訴他「Y不會被釋放」。

所以X很高興「獄警還沒說之前，我被釋放的機率是1/3，可是現在知道Y不會被釋放了，所以我被釋放的機率就提升到1/2了！」大家說死囚X是不是白高興了呢？

應該怎麼看罕病的陽性反應？

再介紹一個直覺是對的，結果答案卻是錯的事例。這也是機率、統計的世界中常提到的話題，也是日常生活中可能發生的狀況

個性開朗的A看來好沮喪，所以我就問他「怎麼啦？」結果他說「我去做了精密的健檢。結果被檢查出『Poison』這種罕病呈陽性反應。據說這是一萬人中只有一人會發病的罕病，而且這種試劑檢查出『Poison』的精度高達99％⋯⋯」。

再進一步追問後發現，未得罕病『Poison』卻呈陽性反應的機率，據說只有1％。所以A得『Poison』的機率到底有多少呢？假設日本總人口為1億2,000萬人，請大家一起來想想看。

▶ **畫圖思考**

A是不是Poison患者，其實還不確定。讓我們先冷靜下來，用數值來看看檢查結果呈「陽性」時，真正罹病的機率到底是多少呢？

首先如下一頁所示，我們先畫出一張大略的圖。藍色部分是實際罹患罕病Poison的人。其中①是檢查結果呈陽性反應的人。檢查精度達99％，所以有1％的人是②，也就是②的人是檢查的漏網之魚。

右側的③和④則表示未罹患Poison的人，④是沒有罹病卻呈陽性反應的人。判定錯誤的比率一樣是1％，所以③是99％，④是1％。以圓餅圖來表示，看起來沒有罹患Poison卻呈陽性反應的人，幾乎是零人。

A呈陽性反應，所以我們來看看在陽性反應（①＋④）之中，A真的罹患Poison的機率（也就是①的機率）有多少。該怎麼做才好呢？

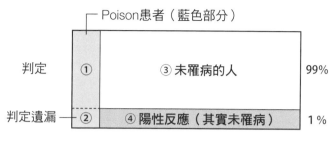

判定 ① ③ 未罹病的人 99%

Poison患者（藍色部分）

判定遺漏 ② ④ 陽性反應（其實未罹病） 1%

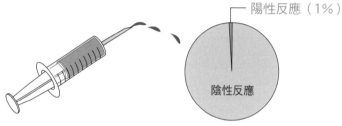

陽性反應（1%）

陰性反應

▶ **試算實際人數**

先算出①～④個別的人數。首先是①和②，也就是真的罹患Poison的人數，據說為「1萬人中1人」，所以：

$$①+② = 1億2,000萬人 \times \frac{1}{10000} = 1萬2,000人$$

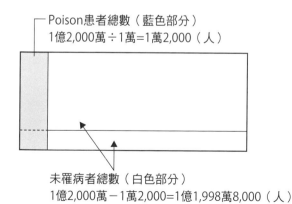

Poison患者總數（藍色部分）
1億2,000萬÷1萬=1萬2,000（人）

未罹病者總數（白色部分）
1億2,000萬－1萬2,000＝1億1,998萬8,000（人）

而①為「1萬2,000人的99％」，所以：

①＝1萬2,000人×0.99＝**1萬1880人** ············（1）

而③＋④則是自1億2,000萬人減去①、②，所以

③＋④＝1億2,000萬人－1萬2,000人＝1億1,998萬8,000人

④則是這1億1,998萬8,000人中，不應出現陽性反應卻出現了的人，比率為1％，所以

④＝1億1,998萬8,000人×0.01＝119萬9,880人 ········（2）

計算很麻煩，不過陽性反應（1）＋（2）的人當中，真正罹患Poison的人為（1）。所以其占比為

$$\frac{11,880}{11,880 + 1,199,880} \times 100 = 0.980392156 （\%）$$

看看計算結果即知，即使是陽性反應，真的罹患Poison的機率也在1％以下，機率很低。出現陽性反應當然應該進一步檢查，但這也算是一個人類感覺和現實差異（乖離）很大的事例。畫成下一頁的圖，就可以實際體會到罹病機率有多低。

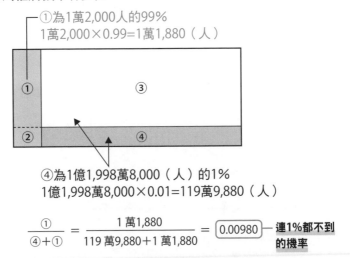

─①為1萬2,000人的99％
1萬2,000×0.99＝1萬1,880（人）

①　③

②　④

④為1億1,998萬8,000（人）的1％
1億1,998萬8,000×0.01＝119萬9,880（人）

$$\frac{①}{④+①} = \frac{1萬1,880}{119萬9,880+1萬1,880} = \boxed{0.00980}$$ ─連1％都不到的機率

＝10萬人

實際罹患Poison的人
（12,000人）
其中陽性反應為11,880人

不應出現卻出現
Poison陽性反應的人
（119萬9,880人）

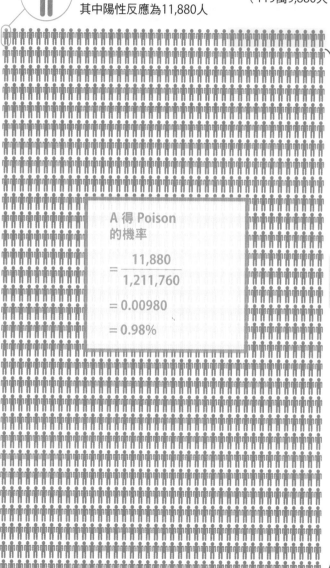

A 得 Poison
的機率

$$= \frac{11,880}{1,211,760}$$

$$= 0.00980$$

$$= 0.98\%$$

未罹病卻
出現陽性
反應的人

「人的直覺」其實一點兒也不可靠？

▶ 真的沒問題嗎?

　　接受健康檢查後,需要「複檢」的人都會垂頭喪氣,有些人光看到診斷書上寫「可能有息肉」,就臉色發青,可是好像根本就不用這麼擔心……雖然想這樣想,但真的沒問題嗎?由「Poison」的例子來看,好像多少可以放一點心了。

最後有點讓我膽顫心驚耶,不過只要複檢就好了吧。我爸爸老是說「我才不去複檢呢」,看了上面的分析,好像也不用太擔心耶。多虧了前輩的說明,我比較放心了。

等一下。妳現在放心還太早了。因為Poison這種病雖說是「1萬人中有1人的機率」,但如果是100人有1人罹病的「百人病」,而且檢查藥劑的精度是99%,又會是什麼狀況呢?

也就是說,對於99%實際罹患「百人病」的人,會做出「陽性」的正確判定,可是對於1%未罹病的人,也會誤判為「陽性」吧。看起來沒什麼太大差異啊?

真的嗎?用1億2,000萬人太難算,我們用100萬人來算算看吧。
（罹患者）100萬人×0.01＝1萬人
（罹患者呈陽性反應）1萬人×0.99＝**9,900人**……（1）
（非罹患者）100萬人×0.99＝99萬人
（非罹患者呈陽性反應）99萬人×0.01＝**9,900人**……（2）
亦即（1）是判定正確的陽性反應者,（2）則是錯誤判定的陽性反應者,兩者一樣各有9,900人。也就是說被判定為「陽性!」時,有可能是誤判,但也有50%的機率是真的罹患「百人病」,也就是「一半一半」哦。

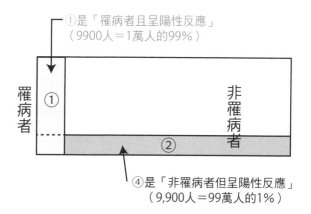

①是「罹病者且呈陽性反應」
（9900人＝1萬人的99％）

罹病者

① 非罹病者

②

④是「非罹病者但呈陽性反應」
（9,900人＝99萬人的1％）

咦？真的嗎？那不是因為你簡化成100萬人來算，才有這種結果嗎？如果用1億2,000萬人去算，是不是會變成「果然還是1％左右」呢？

結果一樣哦。用1億人來心算一下。
（罹患者）1億人×0.01＝100萬人
（罹患者呈陽性反應）100萬人×0.99＝**99萬人**……（1）
（非罹患者）1億人×0.99＝9,900萬人
（非罹患者呈陽性反應）9,900萬人×0.01＝**99萬人**……（2）
所以（1）、（2）一樣是99萬人，如果出現「陽性反應」，就是一半一半的機率。
無論如何，真正罹病的人出現「陽性反應」的機率，和檢查結果呈「陽性反應」而且真的罹患該病的機率，兩者不同，不能互相混淆。

我回去告訴爸爸，叫他「去複檢」。

真是令人意外！橫綱的體重「不到平均數」？

光看「平均數」，就可以發現背離人類常識的有趣現象。

例如相撲選手中的「橫綱」。一般都認為相撲選手體重越重越有利，可是出乎意料的是，2016年底三位橫綱（白鵬、日馬富士、鶴龍）的體重，都不到幕內選手的平均體重。到了2017年稀勢之里就任新橫綱，終於出現一位比平均體重還重的橫綱，但連寫下40次優勝記錄的白鵬，體重都不到平均數。

為什麼像相撲這種靠力氣決勝負的運動，橫綱的體重也大都在「平均以下」呢？我想這是因為他們用速度、技巧等補體重之不足。想到這裡我發現，不論是企業或個人，其實也都可以有各種不同的作戰方式和決勝負的方式吧。

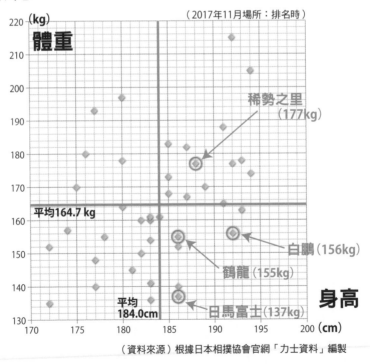

（資料來源）根據日本相撲協會官網「力士資料」編製

【作者簡介】

本丸 諒

◉——橫濱市立大學畢業後進入出版社，負責企劃、編輯許多科普暢銷書籍。特別擅長統計學相關主題，由入門書到多變量分析、統計分析等全面性的內容，到用Excel進行統計、迴歸分析、貝氏統計學、統計學用語事典等，催生超過30本統計學相關書籍。此外也身兼資料專業誌（月刊）的總編，成功提升雜誌銷量。

◉——獨立後成立編輯工房Siracusa。作為科普書籍的獨立編輯，以及「將理科主題寫給文科人看〈超翻譯〉」的科普作家，不論是編輯能力或寫作能力，都深受好評。日本數學協會會員。

◉——著作（含共同著作）包含《解開隱藏在數學符號裡的祕密》、《永久磁鐵》、《3小時讀通幾何》、《世界一カンタンで実戦的な 文系のための統計学の教科書》。

文科生也看得懂的
工作用統計學

出　　　版／楓書坊文化出版社
地　　　址／新北市板橋區信義路163巷3號10樓
郵 政 劃 撥／19907596　楓書坊文化出版社
網　　　址／www.maplebook.com.tw
電　　　話／02-2957-6096
傳　　　真／02-2957-6435
作　　　者／本丸 諒
審　　　定／陳耀茂
翻　　　譯／李貞慧
企 劃 編 輯／陳依萱
校　　　對／楊心怡
港 澳 經 銷／泛華發行代理有限公司
定　　　價／360元
初 版 日 期／2019年9月

國家圖書館出版品預行編目資料

文科生也看得懂的工作用統計學 / 本丸諒
作；李貞慧譯. -- 初版. -- 新北市：楓書坊
文化, 2019.09　面；　公分

ISBN 978-986-377-514-0（平裝）

1. 數理統計

319.5　　　　　　　　　108010816